建设社会主义新农村图示书系

图说枣病虫害防治关键技术

冯玉增　窦瑞木　主编

中国农业出版社

内容提要

该书面向广大基层果树科研工作者和果树生产者，全面、系统地介绍了危害枣树的病虫形态特征、危害特点、发生规律及无公害综合防治关键技术。每种病虫都配有多幅彩色生态图片，图文并茂，以图为主，信息量大，既突出了农业和生物防治，也介绍了无公害化学农药防治技术。特点是看图识病虫，看图防病虫，内容急果农所需切合生产，技术先进实用，可操作性强，语言简洁易懂，一学就会。可供果树站、植保站、果树科技人员、农资系统、农林院校师生及广大果农研究和生产参考。

编著者名单

主　编　冯玉增　窦瑞木

副主编　赵春玲　刘志术

张万东　梁伟红

编著者　冯玉增　窦瑞木　赵春玲

刘志术　张万东　梁伟红

陈中如　毋　冬　张建芬

王坤宇　赵含欣

目　录

一、病害识别与防治

枣 炭 疽 病

［病原］为半知菌类胶孢炭疽菌：*Colletotrichum gloeosporioides* (Penz.) Sacc.。危害枣果、枝、叶。

［症状特征］果实、枝干、叶均可受害，以果实受害较重，多发生在枣果成熟期至采收后，常造成大量落果。染病果实着色早，果面上产生浅黄色水渍状斑块，中央凹陷变褐，湿度大时病果表面产生红褐色黏质物，后变为小黑点，即病原菌的分生孢子盘。斑下果肉褐色，质硬味苦。枝干受害严重时干枯死亡。叶片只在果实采收后染病，叶面出现不规则枯斑（图1–1，图1–2，图1–3，图1–4）。

［发病规律］病菌主要在病僵果、枣吊和枣头中越冬，翌年条件适宜时产生分生孢子，借风雨传播进行初侵染和再侵染。病菌初次侵染从花和幼果开始，可反复侵染多次。病菌生长适温22 ~ 28℃，分生孢子萌发需相对湿度达到95%以上。雨季早、雨量大的年份和地区，成熟期前或进入成熟期气温高、湿度大易引起大发生。

图1–1　枣炭疽病果初期

图1–2　枣炭疽病果后期

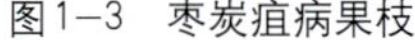
图1–3　枣炭疽病果枝

图1–4　枣炭疽病叶

［防治方法］

（1）**农业防治**　增施腐熟有机肥，合理修剪，适时灌溉，增强树势，提高抗病力；冬春季彻底清除病菌越冬场所的病残体，减少越冬菌源；鲜枣采收后先在55 ～ 70℃下烘烤10小时，然后马上摊开晾晒，可杀死潜伏的病菌，阻止病害继续蔓延。

（2）**药剂防治**　重病枣园于幼果期雨前喷洒1 ∶ 3 ∶ 240倍式波尔多液，或80%多菌灵可湿性粉剂600倍液，或25%溴菌腈乳油400 ～ 500倍液，或2%农抗120水剂200倍液等，至采收前喷洒2 ～ 3次。

枣果青霉病

［病原］为半知菌类白孢意大利青霉菌：*Penicillium citrinum* Thom 。危害果实。

［症状特征］受害果实变软、果肉变褐腐烂，果胶外溢，果面发黏，具有特异的霉味、苦味，品质变坏无法食用。病果表面生有灰绿色霉层，即为病原菌的分生孢子聚集物；边缘白色，即为菌丝层（图1–5）。

图1–5　枣果青霉病

［发病规律］病部菌落绿色或灰绿色，发病的主要原因是枣果水分偏多，烘制、汆制、真空脱水的红枣由于破坏了外果皮原有性能，一旦枣中水分含量高或管理不善，库房湿度大时，青霉菌易于感染，使枣果失去应有的商品与食用价值。

[防治方法] 干枣及蜜枣制品充分脱水，干枣含水量不高于23%，蜜枣含水量不高于20%。干枣入库前用甲醛熏库以杀死病菌。存放期控制贮存场所空气相对湿度不能长期高于80%；雨天闭门窗，晴天开窗通风排放湿气；枣果放在0～5℃冷库内贮藏。

枣果软腐病

[病原] 为接合菌门匍枝根霉菌：*Rhizopus stolonifer* (Ehrenb.et Fr.) Vuill。危害果实。

[症状特征] 引起果实溃疡或软腐，初现白色菌丝，后在烂果表面产生黑霉，即病原菌菌丝体、孢囊梗和孢子囊(图1–6)。

图1–6　枣果软腐病

[发病规律] 病菌广泛存在于土壤、粪肥、枯枝、落叶、落果及空气中，由伤口侵入危害近成熟及贮藏运输期的果实。病害可以通过病健果接触蔓延。温暖潮湿利于发病，枣园通风透光不良，低洼积水，各种原因造成的果实伤口易诱发病害发生。

[防治方法]

(1) **农业防治**　加强枣园管理，合理修剪，及时灌排水，改善通风透光条件；果园农事操作及果实采摘等过程中尽量避免损伤果实。

(2) 保持运输、贮藏场所及用具清洁，减少病菌感染；有条件的采用低温贮藏果实。

(3) **药剂防治**　采用高效低毒低残留杀虫杀菌剂防治蛀果害虫和枣病害。

枣果黑腐病

[病原] 由3种真菌单独或复合侵染引起，分别为链格孢菌：*Alternaria alternata* (Fr.) Keissl，毁灭茎点霉菌：*Phoma destructive* Plowr，壳梭孢菌：*Fusicoccum* sp.，均为半知菌类。枣果黑腐病又称铁皮病、轮纹病，俗称雾焯、铁焦、黑腰等。危害枣果。

[症状特征] 果实8月上中旬始见病斑，多从果肩开始，呈现不规则凹陷斑，边缘清晰，病斑向果顶扩展，直至整个果实变为黄褐色，渐至变为红褐色至暗红色，失去光泽，外观呈铁锈色，因此又称铁皮病，病果肉变为浅黄至褐色，呈海绵状坏死、变苦，病果易脱落（图1–7，图1–8）。

图1-7　枣果黑腐病前期

图1-8　枣果黑腐病后期

［发病规律］病菌均以菌丝体、分生孢子器或分生孢子在病部越冬，从开花后到果实成熟均可侵染，发病期为果实白熟期，果实着色期开始显现病症，采收后病情继续扩展。果实生长期、成熟期多雨、湿度大发病重。

［防治方法］

（1）农业防治　加强肥水管理，合理修剪，提高抗病力。为防止采后病情扩展，果实用沸水烫煮1～2分钟后晾晒或炕烘制干。

（2）药剂防治　从7月中旬进入雨季或发病初期开始喷洒70%代森锰锌可湿性粉剂500倍液，或50%异菌脲可湿性粉剂1 000倍液，或75%百菌清可湿性粉剂600倍液，或50%百·硫悬浮剂500倍液，10天1次，防治3～4次。

枣 缩 果 病

［病原］为噬枣欧文氏细菌：*Erwinia jujubovra* Wang Cai Feng et Gao，又称束腰病、雾抄、雾掠、烧茄子病。危害果实。

［症状特征］果实染病后逐渐萎缩，未熟脱落，病果味苦无食用价值。受害果进入白熟末期，梗洼着色变红时开始显现病症，初期果皮上出现浅黄色晕环病斑，环内略凹陷，随病情发展病斑转呈水渍状，边缘不清，疏布针刺状圆形褐点，果肉变成土黄色质地松软，果皮暗红色失去光泽，果柄变为黄色。后期病果失水皱缩，果肉呈浅褐色海绵状，味苦，易落果（图1-9，图1-10）。

［发病规律］该菌靠昆虫和雨水、灌溉水传播。病原细菌从害虫（蚜虫、蝉、椿象等）刺吸伤口侵入。发病期与果实发育期及气候因素密切相关，果实梗洼变红至果面1/3变红的着色前期，果肉含糖量达到18%以上，气温22～28℃是发病高峰期，这时遇有阴雨连绵或夜雨昼晴的天气常暴发成灾。河南新郑枣区的灰枣、木枣、灵枣最感病，新郑六月鲜次之。

图1-9　枣缩果病前期

图1-10　枣缩果病后期

［防治方法］

（1）选用抗病品种　如山东的圆铃系、长红品种及河南的八月炸、九月青、齐头白、马牙枣、鸡心枣等。

（2）农业防治　加强枣园管理，合理修剪，保持园内通风透光良好，培养壮树，提高枣树抗病能力。

（3）药剂防治　8月果实白熟末期树冠喷洒50%琥胶肥酸铜（DT）可湿性粉剂600倍液，或2%春雷霉素可湿性粉剂800倍液，或72%链霉素3 000倍液，8～10天1次，连续防治3～4次，特别注意雨后及时喷药，每次喷杀菌剂时均应混入90%晶体敌百虫，兼治传毒昆虫蚜虫、蝉、椿象等。

枣 果 锈 病

［病因］为生理性病害，由自然条件不良引起。

［症状特征］枣果表面出现一层褐色片状或点状锈斑，影响外观（图1-11，图1-12）。

图1-11　枣果锈病前期

图1-12　枣果锈病后期

[发病规律] 果锈与栽培管理水平关系较大，凡管理条件好、树势壮、叶片完整，果锈发生轻或不发生；介壳虫、椿象、锈壁虱等危害重的枣园及多风地区果面易受枝叶磨擦或刺伤，果锈重；高湿、低温、冷风时易引起果锈，特别是盛花后16 ～ 20天内的空气湿度越高，果锈率也就越高，所以不同年份果锈发生轻重不同；果实含氮、磷高，果锈轻；幼果期喷洒含硫酸铜高的药剂易诱发果锈病。

[防治方法]

（1）**农业防治** 加强枣园的栽培管理，增施有机肥，春季土壤干旱时及时灌水，夏季雨后及时排水防枣园渍害，增强树势，可减轻果锈发生。

（2）及时防治锈壁虱、介壳虫、椿象等害虫。

（3）**药剂防治** 生理落果后喷洒50%代森锰锌可湿性粉剂600 ～ 800倍液，或40%多菌灵悬浮剂600倍液，或25%腈菌唑乳油3 000倍液，或40%氟硅唑乳油8 000倍液等，可减少果锈病的发生。

枣 轮 纹 病

[病原] 为半知菌类轮纹大茎点菌：*Physalospora piricola* Nose，又名枣浆果病、枣黑腐病。主要危害果实、枣吊、枣头及1 ～ 2年生枝。

[症状特征] 果实染病，果面出现褐色、湿润状的小斑点，后迅速扩大为红棕色圆形轮纹状病斑（故称轮纹病）或纵向扩展为梭形凹陷病斑，重者果实腐烂1/3或1/2至全果腐烂，以后失水皱缩变为黑色僵果，故又称黑腐病。后期病斑处出现较大的瘤状黑色霉点，即病菌的分生孢子器；当空气湿度大时，自霉点内涌出较长的白色丝状分生孢子角缠绕果面（图1–13，图1–14）。

图1–13 枣轮纹病前期

图1–14 枣轮纹病后期

[发病规律] 病原菌以菌丝体、分生孢子器或子囊壳在病组织内越冬，而以僵果的带菌量最高。翌年春天产生孢子，借风雨传播，由气孔或伤口侵入寄主，进行初侵染，并可进行多次再侵染。病菌一般在幼果期侵入，果实转色期或变白期出现症状，着色期达发病高峰，晾晒期和贮藏期也可以发病。此病的发生和流行与树势、气候、树下间作物、其他病虫危害情况等密切相关：弱树发病重，壮树发病轻；降雨多而早、尤以7～8月连阴雨天持续时间长，病害易流行；枣树行间间作高秆作物、病虫草害防治不及时，发病重。

[防治方法]

(1) **农业防治** 加强栽培管理，增施有机肥，增强树势，提高抗病性；合理修剪，改善树体通风条件；及时灌排水，避免果园渍害；花期不要重开甲，避免削弱树势；枣树行间不要间作高秆作物。

(2) **及时防治其他病虫害** 减少害虫造成的伤口，防止病菌侵染，增强树体抗病性。

(3) **清除菌源** 冬季修剪后或春季树体发芽前喷洒3～5波美度石硫合剂或1∶1∶100倍波尔多液。生长期及时捡拾落地病果，剪除病枝、枯枝，集中深埋或烧毁。晾晒期和贮藏期及时捡拾处理病、虫果。对用过的晒箔和库房，使用前要用0.1%高锰酸钾溶液或50%多菌灵可湿性粉剂600倍液消毒。

(4) **药剂防治** 7月上旬发病初期防治是关键。可喷洒70%甲基硫菌灵可湿性粉剂800～1 000倍液，或50%多菌灵可湿性粉剂600～800倍液，或1∶1∶200倍式波尔多液，或50%代森锌可湿性粉剂600～800倍液，或70%丙森锌可湿性粉剂600～800倍液等。

(5) **科学采摘和晾晒** 减少伤口发生，避免病菌再侵染；提倡用炕烘法制干。

(6) **科学贮藏，严格控制贮藏场所温湿度** 贮藏期要保持通风，防止高温、高湿引起病害的发生。

枣 褐 斑 病

[病原] 为半知菌类聚生小穴壳菌：*Dothiorella gregaria* Sacc.。又名黑腐病。主要危害枣果。

[症状特征] 枣果发病于果膨大发白近着色时，先在肩部或胴部出现浅黄色不规则病斑，病斑逐渐扩大，病部稍有凹陷或褶皱，颜色渐变成红褐色，最后病果呈黑褐色，味苦，不堪食用，并易导致提早脱落。枣果后期受害，果面出现褐色斑点，渐扩大成椭圆形病斑，果肉呈松软状，严重时全果软腐(图1–15，图1–16)。

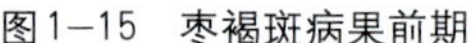
图1-15 枣褐斑病果前期

图1-16 枣褐斑病全果变褐软腐

[发病规律] 病菌以菌丝、分生孢子器和分生孢子在病僵果和枯死的枝条上越冬，翌年分生孢子借风雨、昆虫等传播，从伤口、自然孔口或直接穿透枣果表皮侵入。从幼果期开始侵染，至果实接近成熟时发病，潜育期长。能重复侵染。连绵阴雨、相对湿度大、温度高，发病早而重；树势弱、虫害重，发病也重。

[防治方法]

(1) 农业防治　冬春季清除园中落地僵果并深埋，剪除枯枝、病虫枝，集中烧毁，以减少越冬菌源。

(2) 加强栽培管理　增施有机肥，适时灌水，科学修剪，合理间作，保持枣园通风透光良好，增强树势，提高树体抗病性。

(3) 药剂防治　于早春发芽前喷洒50%福美双可湿性粉剂600倍液，或3～5波美度石硫合剂，消灭越冬菌源。于落花后喷洒50%多菌灵可湿性粉剂500～800倍液，或10%银果水分散粒剂1 000～1 500倍液，或1：0.5：200倍量式波尔多液等，15天1次，连喷3～4次。

枣 疮 痂 病

[病原] 为半知菌类嗜果枝孢菌：*Cladosporium carpophilum* Thum。主要危害果实、叶片和新梢。

[症状特征] 果面病斑初期为暗褐色圆形小点，后期变为黑色痣状斑点，直径2～3毫米，受害果面黑斑点点，使枣果降低商品价值，发病严重时病斑常聚合成片。病菌扩展仅限于表皮浅层组织，当病部组织枯死后，果实仍可继续生长，病果因此常发生龟裂。果梗后部受害，果实常早期脱落。新梢被害后，病斑椭圆形隆起，浅褐至暗褐色，病健组织界限明显。叶片被害，在叶背出现不规则形片状失绿斑，上布黑锈色斑点，叶片向叶面卷缩，发病严重时引起落叶（图1-17，图1-18）。

图1-17　枣疮痂病果

图1-18　枣疮痂病叶

［发病规律］病菌以菌丝体在病残体上越冬，翌年4～5月份产生分生孢子，借风雨传播，侵染寄主。一般幼果期即被侵染，但至枣白熟期后病症表现明显。早熟品种果实发病较轻，晚熟品种果实发病较重。当年生的枝条被侵染后，夏末才显现症状，秋季产生孢子，是翌年春季初次侵染的主要来源。果实向阳面、日照强、椿象危害重的果园，病害发生重。

［防治方法］

（1）农业防治　适时疏枝修剪，保持果园及枣树枝组分布合理，使果园通风透光良好；冬春季彻底清除园内枯枝落叶，消灭越冬菌源；夏季高温季节，配合补充树体营养，可实施叶面施肥，通过喷水，降低果面温度，避免日灼伤果，减少此病的发生。

（2）药剂防治　春季发芽前全树均匀喷布3～5波美度石硫合剂或五氯酚钠200倍液，消灭越冬病菌。生理落果后，每隔10～14天喷洒一次杀菌剂，直到采收。可喷洒65%代森锌可湿性粉剂500倍液，或75%百菌清可湿性粉剂500～600倍液，或50%多菌灵可湿性粉剂600倍液，或70%甲基硫菌灵可湿性粉剂，或70%代森锰锌可湿性粉剂700倍液，或25%腈菌唑乳油2 000～3 000倍液等。

枣　疯　病

［病原］称枣植原体，是介于病毒和细菌之间的多形态的质粒：Jujube witches broom *Phytoplasma*，又称丛枝病，俗称“疯枣树”、“公枣树”。危害花、果、芽、叶。

［症状特征］发病树很少结果，发病3、4年后即可整株死亡。地上部染病，主要表现为花变叶和主芽的不正常萌发，造成枝叶丛生现象。①花变叶：花器退化，花柄较健花花柄长5～7倍，萼片、花瓣和雄蕊均可变为小叶，雌蕊变成小枝。②病果：病花一般不能结果，少数结果的也提早脱落；果实染病，

变小，变瘦，果端呈锥形，病果果面凹凸不平，红绿相间，呈花脸状，内部组织空虚，不堪食用。③芽和枝：病株一年生发育枝上的正芽和多年生发育枝上的隐芽大部分萌发成发育枝，其上的芽继续萌发成小枝，如此逐级生枝，病枝纤细，节间缩短，叶片小而萎黄，秋季丛枝干枯但叶不易脱落。④叶片：花叶型，多发生在嫩枝顶端，先是叶变黄，叶脉仍绿，以后整个叶片黄化，叶的边缘向上反卷，叶色暗淡，叶尖边缘焦枯，重者病叶脱落；花后长出的叶片较小，叶脉褪绿成明脉，叶色翠绿，有时在叶背面的主脉上再长出一小的明脉叶片，呈鼠耳状，秋季叶片不易脱落。⑤地下部染病，主要表现为根蘖丛生。由于主根不定芽大量萌发，多长出一丛丛的短病枝，同一条侧根上可出现多丛病枝，枝叶细小，黄色，长至0.3米左右即停止生长，后全部焦枯成刷状而枯死，后期病根皮层腐烂，重者全株死亡（图1–19，图1–20，图1–21）。

图1–19　枣疯病梢

图1–20　枣疯病花枯

图1–21　枣疯病树冬季不落叶

［发病规律］主要通过各种嫁接方式和危害枣树的各种叶蝉带毒传染。土壤、花粉、种子、汁液及病键根的接触均不能传病。6月底以前及根部嫁接当年可发病，6月底以后嫁接则在翌年开花时呈现症状；皮接块数越多，发病越快；土壤干旱瘠薄、肥水条件差、管理粗放、病虫害严重、树势衰弱发病重，反之则轻；不同的枣树品种抗病性不同。发病初期，多是从一个或几个大枝及根孽开始，症状表现是由局部扩展到全树，发病后，小树1 ～ 2年，大树4 ～ 5年，即可死亡，当年实生苗染病后当年即死亡。

[防治方法]

(1) 选用抗病酸枣品种和具有枣仁的抗病大枣品种作砧木。

(2) **接穗消毒** 对于带病接穗，用1 000毫克/千克的盐酸四环素液浸泡30分钟消毒灭菌。

(3) 在无病枣区采取接穗、接芽或分根进行繁殖；培育无病苗木；苗圃中一旦发现病苗，立即拔除。

(4) **铲除病树，防止传染** 及时彻底地刨除病树，早期消灭传染中心；刨除病树时，应将大根一起刨净，以免萌发。

(5) **加强枣树管理** 增施有机肥、碱性肥，适时灌水，增强树势，提高抗病能力。

(6) **主干环剥** 由于病菌在树干内传导具方向性，可在春季树液流动前，在枣树主干的中、下部进行环状剥皮，宽3～5厘米，阻止病菌由下向上蔓延。

(7) **防治叶蝉** 5～9月间适时喷洒高效低毒低残留杀虫剂，防治叶蝉传病。

(8) **灌药防病** 4、8月在病枝同侧树干钻2～3个孔，深达木质部，将薄荷水50克、龙骨粉100克、铜绿50克研成细粉，混匀后用纸筒倒入孔内，每孔3克，再用木楔钉紧，用泥封闭，杀灭病体，根治病害。

(9) **涂去疯灵** 春季发芽前，于树干基部开一个环状小槽，深达韧皮部一半，将药液灌槽内，用塑料薄膜包扎严密，一个月后涂第二次。树粗20厘米施8克，40厘米施16克，疗效较好。

枣 锈 病

[病原] 为担子菌门枣多层锈菌：*Phakopsora zizyphi-vulgaris* (P.Henn.) Diet。危害叶。

[症状特征] 发病初期叶片背面散生淡绿色小点，后渐变为暗褐色不规则突起，即病菌的夏孢子堆，多发生于叶脉两侧、叶片尖端或基部，后期叶片正面出现具不规则边缘的绿色小点，叶面呈花叶状，后渐变为灰色，枣果近成熟期即大量落叶。导致枣果未完全长成即失水皱缩或落果，甜味大减（图1–22，图1–23）。

[发病规律] 以病原孢子在落叶上越冬，病菌随风传播，通常于7月中下旬开始发病，湿度高时病菌开始侵染，致叶片脱落。地势低洼、行间郁闭发病重；雨季早、降雨多、气温高的年份发病重。高燥的坡地或岗地和行间开阔通风良好的枣区，发病较轻。

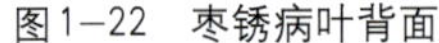
图1-22　枣锈病叶背面

图1-23　枣锈病叶正面

[防治方法]

(1) 农业防治　合理密植，科学修剪，加强肥水管理，增强树势，提高抗病能力；雨季及时排水，防止园内过于潮湿，保持果园通风透光良好；冬春季清除园内落叶，集中深埋或烧毁，消灭越冬菌源。

(2) 药剂防治　于7月上旬发病前喷洒15%三唑酮可湿性粉剂1 500倍液或1 ：2 ～ 3 ：300倍量式波尔多液、25%腈菌唑乳油400倍液、50%腐霉利可湿性粉剂500倍液、0.3波美度石硫合剂或45%晶体石硫合剂300倍液等。

枣 煤 污 病

[病原] 为半知菌类煤炱菌。主要危害叶片、枝条和果实。

[症状特征] 叶片、枝条、果面上为黑色霉菌所覆盖，整个树冠全成黑色，故又名枣黑叶。枣龟蜡蚧等介壳虫和蚜虫危害叶片、枣吊和幼果，排泄物黏在叶、枝、果上，引起煤污菌的寄生，首先出现小而圆的黑色煤点，最后叶、枝、果皆成黑色。煤粉状物有时可以剥落或被雨水冲刷掉。连年成灾区，新梢萌发少，花量小，花期短，坐果少，落果多，果实瘦小，产量低，个别园绝产(图1-24)。

图1-24　枣煤污病叶

[发病规律] 病原菌以菌丝、分生孢子和子囊孢子在病叶、病枝、病果上越冬。由枣龟蜡蚧、康氏粉蚧等介壳虫、蚜虫、粉虱及风雨、露水滴传播，进行重复侵染。6月下旬至9月上中旬是枣龟蜡蚧、康氏粉蚧等介壳虫的危害盛期，当其发生量大时，叶枝上黏附其大量排泄物，以此为营养，诱发煤污病菌大量繁殖，煤污菌丝布满叶、枝及其果面，严重影响光合作用和果实生

长。7月中旬至8月中旬为发病盛期。当寄主叶、枝、果黏有蚧、蚜分泌、排泄物，果园通风透光不良，高温、高湿及果园郁蔽、连阴雨天气，煤污菌易寄生发病。介壳虫或蚜虫密度大，往往导致病害的大流行。

［防治方法］

（1）**农业防治**　秋季清扫病落叶，高温堆沤或烧毁、深埋，消灭越冬菌源。加强果园管理，合理灌水施肥，培育壮树，提高枣树抗病能力。合理修剪，改善枣园小气候，保证通风透光良好，雨后及时排水，防止湿气滞留。

（2）及时防治介壳虫及蚜虫、粉虱等。

（3）**药剂防治**　于点片发生阶段，及时喷洒50%福美双可湿性粉剂600倍液，或80%代森锌可湿性粉剂800倍液，或50%百菌清可湿性粉剂800倍液，或40%多菌灵胶悬剂600倍液，或25%乙霉威可湿性粉剂1 000倍液，或50%腐霉利可湿性粉剂1 500倍液，15天左右1次，视病情防治1 ～ 2次。

枣白粉病

［病原］为半知菌类粉孢菌。主要危害毛叶枣（又名印度枣、滇刺枣、缅枣）嫩梢、叶和幼果。

［症状特征］叶片受害时，先从中下部叶开始，逐渐向上部蔓延；发病初期，在叶背出现白色菌丝，重者白色菌丝和白色粉状物（病菌分生孢子）布满叶背，叶片正面出现褪绿或黄褐色不规则病斑；受害叶片后期呈深黄褐色，易脱落。嫩梢受害，白色菌丝和白色粉状物布满整个枝条，嫩叶呈黄褐色皱缩而枯死。果实受害，以果实膨大期最为严重，幼果次之，花期受害较少，严重时白色菌丝和白色粉状物可布满全果；果实受害后果皮变麻、皱缩，呈褐色或黄褐色，易脱落或枯死（图1–25，图1–26）。

图1–25　枣白粉病叶

图1–26　枣白粉病果

[发病规律] 病原菌以菌丝体在病梢内、病叶及干僵果上越冬，翌年春季枣树展叶和生长期，病原菌产生大量的分生孢子，借风雨传播，进行多次再侵染。夏季高温不利于病原菌生长，春秋季多雨潮湿、果园郁蔽通风透光不良发病重。

[防治方法]

(1) **农业防治** 冬春季彻底清除园内枯枝落叶和残留的僵果，深埋或烧毁，消灭越冬菌源。加强枣园管理，合理整形修剪，保持果园通风透光良好，雨后及时排水，防止果园渍害。

(2) **药剂防治** 冬季修剪后或发芽前15天树体喷洒3 ~ 5波美度石硫合剂，杀灭树体上越冬病菌。春季于发病初期，喷洒25%三唑酮可湿性粉剂或20%三唑酮乳油2 000 ~ 2 500倍液，或36%甲基硫菌灵悬浮剂800 ~ 1 000倍液，或77%氢氧化铜可湿性粉剂1 000倍液，或50%硫悬浮剂400 ~ 500倍液，或25%腈菌唑乳油3 000倍液等，10 ~ 20天1次，连喷3 ~ 4次。

枣叶斑点病

[病原] 为半知菌类枣叶橄榄色盾壳霉菌：*Coniothyrium aleuritis* Teng和枣叶斑点盾壳霉菌：*C.fuckelii* Sacc.。危害叶、果。

[症状特征] 枣树花期开始染病。叶片染病，初期在枣叶上出现灰褐色或褐色圆形斑点，进而形成大的圆斑，病情严重时，叶片黄化早落，影响枣树开花和授粉，并导致落叶、落花。果实染病，果面初期出现浅褐色斑点，随病情发展，病斑融合，形成黑褐色圆斑，果实失去商品价值，重者导致落果(图1–27，图1–28，图1–29)。

图1–27 枣叶斑点病叶

图1–28 枣叶斑点病果初期

［发病规律］病菌在落叶或病果上越冬，春季条件适宜时病菌从叶、果自然孔口侵入，形成初侵染，并可进行重复侵染。春季和夏季雨水多、果园郁蔽重、树势生长弱发病重。

图1-29 枣叶斑点病果后期

［防治方法］

（1）农业防治 冬春季彻底清理园内枯枝落叶及病僵果，集中烧毁或深埋，消灭越冬病原菌。

（2）药剂防治

①萌芽前树体喷洒3～5波美度石硫合剂或1∶1∶100倍波尔多液。

②5～7月份，叶面喷洒70%甲基硫菌灵可湿性粉剂800～1 000倍液，或50%多菌灵可湿性粉剂800倍液，或80%代森锰锌可湿性粉剂500～700倍液，或25%异菌脲悬浮剂1 000～1 500倍液等，7～10天1次，连防2～3次。

枣 灰 斑 病

［病原］为半知菌类叶点霉菌：*Phyllosticta* sp.。主要危害叶片。

［症状特征］叶片染病后，病斑暗褐色，圆形或近圆形。后期中央变为灰白色，边缘褐色，其上散生黑色小点，即为病原菌的分生孢子器（图1-30，图1-31）。

图1-30 枣灰斑病前期

图1-31 枣灰斑病后期

［发病规律］以分生孢子器在病叶上越冬。翌年春，分生孢子于潮湿天气借风雨传播。侵染芽和叶，多雨年份发病重。

［防治方法］

（1）农业防治 冬春季彻底清扫园内落叶，集中烧毁或深埋，减少越冬菌源。

（2）**药剂防治** 发病初期及时防治，可喷洒50%多菌灵可湿性粉剂或70%甲基硫菌灵可湿性粉剂800倍液，或50%异菌脲可湿性粉剂1 000倍液，或56%氧化亚铜水分散粒剂500 ~ 600倍液，或65%代森锌可湿性粉剂400 ~ 500倍液等。

枣 焦 叶 病

[病原] 为半知菌类真菌：*Gloeosporium frucrigenum* Berk。危害叶和枣吊。

[症状特征] 枣树染病后，先是叶片出现灰色至褐色斑，周围淡黄色，随病情发展由病斑连成焦叶，最后焦叶呈黑褐色，叶片坏死；病吊上的中、后部枣叶，由绿变黄，不枯即落。枣吊上有间断的皮层发褐、坏死，多数由顶端向下坏死枯焦，相当吊长的1/10 ~ 1/2。重病树病吊率可达60%，坐果少而小且早落，有的植株几乎绝收；重病树在9月中、下旬出现二次萌芽，新叶发出后，重新感染发病，导致树势衰弱、影响产量（图1–32，图1–33）。

图1–32 枣焦叶病叶

图1–33 枣焦叶病枣吊枯死

[发病规律] 病原属于弱寄生菌，在枯叶内越冬。黄淮地区6月中旬始发病，7 ~ 8月为发病盛期。凡树势弱、冠内枯死枝多者发病重；天气干旱、土壤含水量低者病枝率高，水浇地枣树病害轻。发病高峰期降水次数多，病害蔓延速度快；不同品种间抗病性不同。

[防治方法]

（1）**农业防治** 冬春季清除园内焦枝枯叶，集中烧毁或深埋，以消灭越冬病菌。萌叶后剪除未发芽的枯枝，以减少传染源。

（2）**药剂防治** 发病期的6、7、8月各喷洒一次65%福美锌可湿性粉剂500倍液，或20%银果可湿性粉剂500倍液，或30%王铜悬浮剂800倍液可有效控制病害流行。

枣花叶病

[病原] 为花叶病病毒：*Jujube mosaic virus*（JMV）。危害叶片。

[症状特征] 感病后叶片变小、扭曲、畸形，叶片上叶肉斑点状失绿黄化，呈现绿黄、深浅相间的花叶状。苗木和大树的嫩梢叶片受害明显，影响枣树的生长和产量（图1—34，图1—35）。

图1—34 枣花叶病

图1—35 枣花叶病

[发病规律] 病毒主要通过叶蝉和蚜虫等刺吸式口器害虫传播，嫁接也能传病。天气干旱，叶蝉和蚜虫数量多，发病就重。

[防治方法]

（1）农业防治 加强果园管理，增施有机肥，适时灌水，增强树势，提高抗病能力；注意农事操作，对病株、病枝及时清理，减少传染源。

（2）药剂防治 发病初期，喷洒20%病毒A可湿性粉剂500倍液，或1.5%植病灵乳油800 ~ 1 000倍液，或10%的83增抗剂50 ~ 100倍液。选用低毒、高效的杀虫剂及时防治蚜虫、叶蝉等，防止病毒传播。

枣叶黑斑病

[病原] 为半知菌类枣假尾孢菌：*Isariopsis imdica* var. *ziziphi*。主要危害毛叶枣（又名滇刺枣 、印度枣、缅枣、台湾青枣）叶片。分布于云南、海南、广东、台湾等产区。

[症状特征] 叶片染病后，初在病叶背面产生零星黑色小点，以后逐渐扩大成圆形或不规则形的黑色斑，严重时，数个病斑连成大片，在叶片背面呈现烟煤状的大黑斑。叶片正面呈现黄褐色斑点。受害叶片呈卷曲或扭曲状，易脱落。果实变小，品味下降（图1—36，图1—37）。

图1-36 枣叶黑斑病前期

图1-37 枣叶黑斑病后期

［发病规律］在南方枣产区于7月份开始零星发生至翌年2～3月份为发病高峰期，发病重时病株上大部分叶片布满黑色颗粒，部分叶片坏死脱落。未结果的枣园发病轻，已结果的枣园发病重。随着病叶的脱落，健壮植株再次萌发，新生的嫩叶上未见到症状。4月至10月为病害的衰退期。

［防治方法］

（1）严格实行检疫，防止该病向无病区传播。

（2）**农业防治** 病区3月病叶脱落后彻底清除园内落叶，深埋或烧掉，减少再侵染菌源。

（3）**药剂防治** 发病初期及时喷洒70%甲基硫菌灵可湿性粉剂800倍液，或1∶1∶200～300倍量式波尔多液，或50%腐霉利可湿性粉剂1 500～2 000倍液，或62.25%腈菌唑·代可湿性粉剂600～800倍液，或65%硫菌·霉威可湿性粉剂800～1 000倍液等。

枣树腐烂病

［病原］为半知菌类壳囊孢菌：*Cytospora* sp.，又名枝枯病，危害干和枝。

［症状特征］主要表现为幼树和大树衰弱树的枝条发病，常造成枝条枯死。病枝皮层开始变红褐色，渐渐枯死，以后在枯枝上从枝皮裂缝处长出黑色突起小点，即为病原菌的子座（图1-38，图1-39）。

［发病规律］以菌丝体或子座在病部越冬。病菌通过风雨和昆虫等传播，经伤口侵入。该菌为弱寄生菌，先在枯枝、死节、干桩、坏死伤口等组织上潜伏，然后逐渐侵染活组织。枣园管理粗放，树势衰弱，则容易感染。

［防治方法］

（1）**农业防治** 加强管理，多施农家肥，增强树势，提高抗病力；冬季修剪时，彻底剪除树上的病枝条，集中烧毁，以消灭越冬菌源。

（2）**药剂防治** 结合冬管或早春喷施65%代森锌可湿性粉剂600倍

图1-38　枣树腐烂病

图1-39　枣树腐烂病部病菌黑色突起

液，或40%多菌灵胶悬剂500倍液，或冬季刮树皮石灰水涂干。生长季节喷施50%退菌特可湿性粉剂，或50%甲基硫菌灵可湿性粉剂800倍液，或1∶1∶200的波尔多液。

枣树干腐病

［病原］为担子菌门硫色干酪菌：*Tyromyces sulphureus* (Bullaex ex Fr.) Donx。主要危害树干。

［症状特征］染病后，立木心材逐渐褐腐，不易发现。5～10年间，树干出现小洞，生长季节不停地有棕色树液外渗。10～20年间，树洞不断扩大。20～30年间，造成枣树纵向破腹，树干内60%～80%已被病菌分泌物所腐蚀，坚硬的主干形成块状解体，对腐朽的木材搓之皆成棕色粉面状。有时边材从树洞内长出须根而成为新的再生根系。在染病枣树基部或树洞周围散生或群生病菌子实体，又叫担子果。子实体菌盖平展重叠，片状，柔软，初时黄棕色，夏季干后呈灰白色，较硬（图1-40，图1-41，图1-42）。

图1-40　枣树干腐病早期

图1−41 枣树干腐病后期

图1−42 枣树干腐病菌子实体

［发病规律］此病害具有长期的隐发性，且多发生于主枝分杈处，木材腐朽自上而下、由内向外，发展缓慢，时间长，当发现树干部有棕色树液外渗时，染病已有数年。老龄、树势衰弱、主枝折断、皮部伤口多、管理粗放、病虫害发生严重的枣园发病重；病菌从伤口侵入，风多地区易造成风折伤口的发病多。

［防治方法］

（1）农业防治　加强管理，科学修剪，增施有机肥，合理配方施用氮、磷、钾，增强树势，提高枣树的抗病能力；保护树体，发现伤口特别是风折伤口要及时将伤口削平后消毒处理，是预防本病重要有效措施。

（2）合理修剪　更新主枝或树冠更新时，伤口削平后，用上述杀菌剂涂之杀菌，并涂白漆以防雨水自伤口入侵并带进病菌。

（3）堵洞口　对已形成的树洞，人工刮去腐朽的木材后，用1%甲醛液及上述药液消毒，然后用砂石、高标号水泥浆封掉它。

（4）药剂防治　发现干腐病子实体彻底清除，并刮干净感病的木质部，伤口用1%硫酸铜液或25%多菌灵可湿性粉剂500倍液，或50%甲基硫菌灵可湿性粉剂400倍液，或80%代森锌可湿性粉剂600倍液，或30%王铜悬浮剂300倍液等涂抹杀菌消毒，再涂波尔多液或煤焦油等保护，以利伤口愈合，减少病菌侵染。清除的干腐病子实体要携出园外集中销毁。

（5）积极防治其他病虫害。

枣树木腐病

[病原] 为担子菌类的裂褶菌：*Schizophyllum commune* Fr.。主要危害树干。

[症状特征] 侵害衰老的枣树皮及边材木质部，病斑多出现在老枣树主枝受伤或锯断后的伤口下方或干部刈枣痕上，病菌寄生后促进木质部由外向内、自上而下腐朽。在死亡的树皮及木质部上散生或群生子实体，又叫担子果，多呈覆瓦状。子实体大小不等，有卵形、纺锤形、长椭圆形等，初夏为灰褐色，质软、水分多，表面光滑；秋天子实体干后，表面呈灰白色，内部褐色，有裂纹，较坚硬（图1–43）。

图1–43　枣树木腐病菌子实体

[发病规律] 病原菌多从伤口侵入。子实体春夏高温多雨季节、旬均气温25 ～ 32℃时发生重，8月上旬停止增大。老龄、树势衰弱、主枝折断、皮部伤口多、管理粗放、病虫害发生严重的枣园发病重。林间湿度大有利于子实体的产生和孢子的传播。

[防治方法]

（1）**农业防治**　加强管理，增强树势，提高枣树的抗病能力。

（2）**合理修剪**　更新主枝或树冠更新时，伤口削平后，用上述杀菌剂涂之杀菌，并涂白漆以防雨水自伤口入侵并带进病菌。

（3）**药剂防治**　发现木腐病子实体彻底清除，并刮干净感病的木质部，伤口用25％多菌灵可湿性粉剂500倍液，或50％甲基硫菌灵可湿性粉剂400倍液，或80％代森锌可湿性粉剂600倍液，或30％王铜悬浮剂300倍液等常用杀菌剂涂抹杀菌。

（4）积极防治其他病虫害。

枣树枝枯病

[病原] 为半知菌类壳梭孢菌：*Fusicoccum* sp.。危害营养枝和结果枝（枣吊）。

[症状特征] 营养枝染病，一般于6 ～ 7月份在当年生枝条上出现变色病

斑，病斑处出现长圆形或纺缍形乳白色的小突起，后逐渐变褐色至黑褐色，病部凹陷，病斑扩大；或于当年生嫩梢顶部发病，重则致病斑以上部位或嫩梢顶部枯死。结果枝染病，多于6 ~ 7月份枣果豆粒大小时发生，整个结果枝或顶部部分枯死（图1–44，图1–45）。

图1–44　枣树枝枯病

图1–45　枣树枝枯病枯梢

[发病规律] 病原菌以菌丝或分生孢子在病组织中越冬。翌年分生孢子借风雨或昆虫传播，通过枝条上的皮孔或伤口侵入寄主。一般大树发病重，小树发病轻；树势愈弱，发病愈重；土壤瘠薄、园地积水、管理粗放及破坏性间作的枣园，发病重；枣龟蜡蚧、枣粉蚧等介壳虫和煤污病危害重的枣树，发病也重。

[防治方法]

（1）**农业防治**　冬春季结合修剪，除去病枝、虫枝、枯枝，集中烧毁，减少越冬菌源。加强枣园综合管理，增施农家肥料，提高土壤肥力，增强树体抗病能力。雨季注意排涝，避免园地积水，保持果园通风透光良好。

（2）及时防治介壳虫及其他病虫害。

（3）**药剂防治**　冬季修剪后或春季发芽前枝干喷洒3 ~ 5波美度石硫合剂，或于冬春季刮病斑，刮后涂3%双胍辛胺涂布剂。生长季节发病初期及时喷洒50%退菌特可湿性粉剂，或50%甲基硫菌灵可湿性粉剂800倍液，或1 ： 1 ： 200的波尔多液，或10%银果乳油800 ~ 1 000倍液，或50%春雷·王铜可湿性粉剂600 ~ 800倍液等。

枣树茎腐病

[病原] 为半知菌类菜豆壳球孢菌：*Macrophomina phaseoli* (Maubl.) Ashby.，又名枣苗烂根病。主要危害苗木和幼树。

[症状特征] 苗木染病，发病初期茎基部出现水渍状赤褐色斑，蔓延包围全茎，并迅速向上扩展，导致叶片变黄，枯萎，逐渐枯死。受害茎基部下陷，皮层紧贴在茎上，缢缩，不易剥离。发病后期病部产生许多小黑点，即病菌的分生孢子器；潮湿时则出现灰色霉堆，即病菌的分生孢子。幼树染病，与苗木的症状相同，但病斑初现到包围茎干一圈的时间比苗木要慢一些。感病轻的苗木和幼树偶有根部不死的，从根颈处萌发新芽（图1–46）。

图1–46 枣树茎腐病

[发病规律] 以菌丝体、菌核或分生孢子器在病部和土壤中越冬。翌年春夏季在条件适宜时，病菌借风雨、灌溉水传播，由寄主伤口侵入致病。高温、多雨有利于发病，特别是连阴雨的闷热天气，易导致病害暴发流行，因此该病南方重于北方。地势低洼、土壤过湿，雨后园地积水而突然晴热天气发病重。夏秋高温、干旱，由于日晒使土壤温度升高，苗木茎基部易受高土温的灼伤为病菌的侵入创造了条件，也有利于病害的发生。

[防治方法]

（1）**农业防治** 加强苗圃地和幼树管理，增施优质有机肥料，提高树体抗病能力。

（2）**及时排水和灌水** 地势低洼、排水不良的地块，注意雨后及时排水。夏季炎热干旱天气要及时灌水，以降低地表温度，防止地表高温灼伤茎基部，减少伤口，防病菌侵染。

（3）**药剂防治** 关键是在根部施药，用40%多·锰可湿性粉剂400 ～ 600倍液，或25%甲霜灵可湿性粉剂100倍液，或42%噻菌灵悬浮剂400 ～ 500倍液等灌根或对茎基部涂抹。

枣树根癌病

[病原] 为中野杆菌属根癌细菌: *Agrobacterium tumefaciens* (Smith et Towns) Conn。主要危害根颈部及侧根和支根。

[症状特征] 受害部位形成癌瘤，开始产生的病瘤青灰色或肉红色，光滑质软；以后随着瘤体增大变为褐色或深褐色，癌瘤球形或扁球形、纺锤形，内部木质化、坚硬，表面粗糙，龟裂或凹凸不平；有的癌瘤后期腐烂朽枯。枣树根颈受害后，地上部生长缓慢，植株矮小，发育慢，结果少，成为小老树（图1–47）。

图1–47　枣树根癌病根

[发病规律] 根癌细菌在癌组织的皮层内或在土中的病瘤残体上越冬。主要借雨水和灌溉水传播，另通过地下害虫如蛴螬、蝼蛄、线虫等的危害传播；带病苗木是远距离传播的主要途径。细菌从伤口侵入植物体后，刺激植物细胞迅速分裂，产生大量分生组织，形成癌瘤症状。土壤潮湿温暖，或碱性土壤、地下害虫多、枝干伤口多，均有利于发病。

[防治方法]

(1) 严格苗木检疫，不调不栽病苗。

(2) 严格苗木的检查和消毒处理。苗圃地实施轮作，尽量不重茬。在苗木出圃时，若发现病株要及时除掉。苗木栽植前用1%硫酸铜溶液浸根5分钟，再用清水冲洗，以防止药害。

(3) **土壤处理**　病株周围土壤用80%的402抗菌剂2 000倍液灌土消毒。

(4) **病瘤处理**　轻病株将病瘤处切除干净，再用2.2%的843康复剂或0.1%升汞水消毒后，涂波尔多液保护伤口。

(5) 避免切接苗木，而采用芽接，可防治土壤中的病菌从伤口侵入。

枣树根朽病

[病原] 为担子菌类蜜环菌：*Armillariella tabescens* (Scop.et Fr.) Singer，又名蘑菇根腐病。主要危害根颈部。

[症状特征] 病树根颈部皮层腐烂，皮层与木质部之间常有白色扇形的菌膜。木质部呈白色海绵状腐朽，并放出蘑菇香味。在病根的皮层内、病根的表面以及病根附近的土壤内，可见深褐色或黑色根状菌索。夏秋季节，在腐朽根上和附近地面上，生长出成丛的蜜黄色小蘑菇子实体。受害枣树叶片变小，枝叶稀疏，重至叶片变黄，早落，最后整株枯死（图1–48，图1–49）。

[发病规律] 病原菌以菌丝体和菌索在病树根部或附近土壤中越冬。翌年春夏环境条件适宜时，形成大量的蜜黄色小蘑菇，从小蘑菇上产生大量的担孢子，随气流传播，从伤口或残桩处侵入。从死亡的根上长出的新菌丝可以蔓延侵染邻近的健康树根。树势衰弱易感病。地势低洼、园地常积水、土壤黏重发病重。

[防治方法]

(1) **农业防治**　加强枣园管理，增施有机肥料，雨后及时排水，促使提高树体抗病能力。

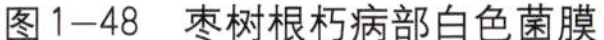
图1-48　枣树根朽病部白色菌膜

图1-49　枣树根朽病根腐朽

(2) 及时采集病菌子实体，既可食用，又可减少病害的侵染来源。

(3) 挖沟隔离病株，防止向周围健树蔓延。对病树病根要及时切除并烧毁，切除后伤口涂波尔多液、代森锰锌、百菌清、王铜、菌毒清、腐霉利等杀菌剂杀菌保护。病株周围的土壤用二硫化碳浇灌处理，既对土壤进行消毒，又促进土壤中绿色木霉菌的大量繁殖，病菌被木霉菌侵染而弱化，从而起到抑制其滋生的作用。

日本菟丝子害

［病原］日本菟丝子：*Cuscuta japonica* Choisy。为寄生性种子植物，藤本，无叶，能开花结果。危害苗圃枣苗及成龄枣树。

［症状特征］日本菟丝子缠绕枣树苗木或成龄树枝条，靠吸根深入树皮中吸收寄主的水分和养料，致枣树叶片变黄或凋萎，严重的枯死（图1-50，图1-51）。

［发病规律］以种子在土壤中越冬，翌年夏初发芽长出棒状幼苗，长至9～15厘米时，先端开始旋转，碰到树苗即行缠绕，迅速产生吸根与树苗紧密结合，后下部枯死与土壤脱离，靠吸根在寄主体内吸取营养维持生活。幼茎不断伸长向上缠绕，先端与树苗接触处不断形成吸根，并生出许多分枝形

图1-50　日本菟丝子

图1-51　日本菟丝子害枣树状

成一蓬无根藤。日本菟丝子多发生在土壤比较潮湿、杂草或灌木丛生的地方。

[防治方法]

(1) **深翻土壤** 苗圃育苗前或定植的枣园，春季深翻土壤使菟丝子种子翻至土壤深层而不能萌生出土。

(2) 春末夏初发现有菟丝子立即拔除，深埋或烧毁，以防扩大。

(3) **药剂防治** 发生期于雨后或傍晚及阴天喷洒每毫升水中含活孢子不少于3 000万个“鲁保1号”生物制剂，每667平方米用药2.5升，7天1次，连续防治2 ～ 3次，或6%草甘膦可湿性粉剂200 ～ 250倍液。在用药前打断菟丝子茎蔓造成伤口效果更好。

枣树缺镁症

[病因] 土壤中镁元素不足或氮元素使用过多，抑制了根系对镁元素的吸收，导致树体中镁元素缺少，致使叶绿素含量减少，叶片褪绿，光合作用受到影响，枣树不能正常生长。

[症状特征] 缺镁时首先新梢中下部叶片失绿变黄、渐变黄白，后逐渐扩大至全叶，进而形成坏死焦枯斑，但叶脉仍然保持绿色。缺镁严重时，大量叶片黄化脱落，仅留下部、淡绿色、呈莲座状的叶丛。果实不能正常成熟（图1–52）。

图1–52 枣树缺镁症

[防治方法]

(1) 冬施基肥和生长季节追肥时增施硫酸镁，每667平方米施用5 ～ 10千克。

(2) 撒施保得土壤生物菌接种剂，改善土壤结构，提高土壤透气性能，释放被固定的肥料元素，增加土壤中速效养分的含量。

(3) 叶面喷施0.3%硫酸镁水溶液，15天1次，连续喷洒3 ～ 4次。

[注意事项] 在中性和碱性土壤中，以施用硫酸镁为宜；在偏酸性土壤中，则宜施碳酸镁。使用镁肥时注意不可与磷肥混用。

枣树缺硼症

[病因] 因土壤缺硼而导致的树体缺硼。

[症状特征] 枣树缺硼时表现为枝梢顶端停止生长，从早春开始显现症状，到夏末新梢叶片呈棕色，幼叶畸形，叶片扭曲，叶柄紫色，顶梢叶脉出现黄化，叶尖和边缘出现坏死斑，继而生长点死亡并由顶端向下枯死，形成枯梢。地下根系不发达，生长慢，明显弱于健树。花器发育不健全，落花落果严重，表现“花而不实”。大量缩果，果实畸形，以幼果最重，严重时尾尖处出现裂果，顶端果肉木栓化，呈褐色斑块状，种子变褐色，果实失去商品价值（图1–53）。

图1–53　枣树缺硼症（果畸形）

[防治方法]

（1）增施硼肥　成龄树结合施基肥每株施硼砂或硼酸0.01 ～ 0.02千克。

（2）撒保得土壤生物菌接种剂，改善土壤结构，提高土壤透气性能，释放被固定的肥料元素，增加土壤中速效养分的含量。

（3）枣树始花期、盛花期、谢花后各喷施一次0.5%红糖+0.2%硼砂液，效果更好。

[注意事项] 施用硼砂时一定要用开水溶化后对制，均匀喷洒，避免局部硼浓度过大而引起中毒；硼在枣树体内运转力差，以多次喷雾效果好。

枣树缺铁症

[病因] 当土质过碱和含有多量碳酸钙时，以及土壤湿度过大时，使可溶性铁变为不溶性状态，植株无法吸收，导致树体缺铁。

[症状特征] 又叫黄叶病，常发生在盐碱地或石灰质过高的地方，以及园地较长时间渍害。以苗木和幼树受害最重。新梢上的叶片变黄或黄白色，而

叶脉仍为绿色，严重时顶端叶片焦枯（图1-54）。

图1-54　枣树缺铁症病梢

［防治方法］

（1）增施农家肥，使土壤中铁元素变为可溶性，有利于植株吸收。

（2）将浓度为3%的硫酸亚铁与饼肥或牛粪混合施用。方法是：将0.5千克硫酸亚铁溶于水中，与5千克饼肥或50千克牛粪混合后施入根部，有效期约半年。

（3）发病初期叶面喷洒0.4%硫酸亚铁溶液，7～10天1次，连喷2～3次。

二、害虫识别与防治

枣　黏　虫

属鳞翅目，卷蛾科。学名：*Ancylis sativa* Liu，又名枣实虫、枣菜蛾、枣镰翅小卷蛾。全国各枣产区均有分布。危害枣、酸枣芽、叶、枣头和花。

［危害特点］幼虫吐丝黏缀芽、叶、枣头、花，在其中危害并蛀食果实，造成叶片残损，枣花枯死，枣果脱落，对产量影响很大。

［形态鉴别］成虫：体长6～7毫米，黄褐色或灰褐色，触角丝状，前翅前缘具10多条黑白相间的钩纹，翅面中央具两条黑褐色纵纹从翅基向外缘伸展，前翅顶角突出且向下弯曲。卵：扁长圆形，长0.6毫米，白色至橘红色。幼虫：体长13～15毫米，头部淡褐色，具黑褐色花纹，前胸盾和臀板褐色；胴部黄绿或淡绿色。蛹：长7毫米左右，深褐色。茧：白色（图2-1，图2-2，图2-3）。

图2-1　枣黏虫成虫

图2-2　枣黏虫幼虫

图2-3　枣黏虫幼虫害叶状

［发生特点］年发生3～4代，以蛹在枝干、皮缝中越冬，干周土中有少量越冬蛹。三代区翌年3月中旬至5月上旬羽化，世代重叠。成虫昼伏夜出，有趋光性。卵散产于光滑枝上。4月下旬开始孵化，咬食嫩芽，展叶后吐丝缠叶于内食害，5月上旬第一代幼虫进入盛期，5月下旬化蛹。6月上旬始见成虫及第二代卵。二、三代卵主要产在叶面主脉两侧，6月中旬枣树开花时正值二代幼虫始发期，幼虫危害叶、花蕾、花和幼果，第二代成虫7月中旬至8月下旬发生。7月下旬至10月上中旬为第三代幼虫发生期，危害叶和果实，9月

上旬陆续老熟，于树皮缝隙中结茧化蛹越冬。非越冬代均于卷叶内结茧化蛹。天敌有赤眼蜂和几种姬蜂。

［防治要点］

（1）保护和利用天敌 ①在第二代成虫产卵期，于卵初期、初盛期和盛期各放一次松毛虫赤眼蜂，每株枣树释放3 000 ～ 5 000头，枣黏虫卵被寄生率达85.5%。②因地制宜，合理间作，在枣树行间种植小麦、甘薯、土豆、马铃薯、绿豆等，为多种天敌提供隐蔽场所。

（2）秋末枝干上束草诱幼虫化蛹；休眠期刮除老树皮，连同束草集中烧毁。

（3）药剂防治 各代幼虫孵化盛期，特别是第一代幼虫孵化期喷洒10%联苯菊酯乳油3 000 ～ 4 000倍液，或50%辛硫磷乳油1 200倍液，或50%杀螟硫磷乳油1 000倍液，或90%晶体敌百虫800 ～ 1 000倍液，或20%氰戊菊酯乳油2 000 ～ 2 500倍液等。第一次施药掌握在枣发芽初期，第二次在芽长3 ～ 5厘米时为宜。

桃小食心虫

属鳞翅目，蛀果蛾科。学名：*Carposina niponensis* Walsingham，又名桃蛀果蛾、桃小实虫、桃蛀虫、桃小食蛾、桃姬食心虫。简称“桃小”，俗称“豆沙馅”、“枣蛆”。全国各产区均有分布。危害枣、桃、石榴、苹果、梨、山楂、李等果实。

［危害特点］幼虫从果实胴部蛀入，蛀孔流出泪珠状果胶，不久干涸，蛀孔愈合成一小黑点略凹陷。幼虫入果后在果内乱窜，排粪于其中，俗称“豆沙馅”，遇雨极易造成烂果。

［形态鉴别］成虫：体灰褐或灰白色；雌虫体长7 ～ 8毫米，翅展16 ～ 18毫米；雄虫体长5 ～ 6毫米，翅展13 ～ 15毫米；前翅近前缘中部处有一近三角形的黑色大斑，后翅灰色；触角丝状。卵：深红色，竖椭圆形或桶形，以底部黏附在果实上，端部环生2 ～ 3圈“Y”形生长物。幼虫：体长13 ～ 16毫米，幼龄体色黄白或白色，成龄桃红色。蛹：体长6.5 ～ 8.6毫米，淡黄白至黄褐色。茧：越冬茧扁圆，长约6毫米；夏茧纺锤形，长约13毫米，均由幼虫吐丝缀合细土粒而成（图2–4，图2–5，图2–6，图2–7）。

［发生特点］年发生1 ～ 2代，以老熟幼虫在土内作冬茧越冬。翌年5月上、中旬越冬幼虫开始出土，6 ～ 7月越冬成虫羽化。成虫昼伏夜出，无趋光性和趋化性。成虫产卵于果实上，卵期8天左右。初孵幼虫蛀入果内危害，第一代幼虫危害期为6月下旬至8月，幼虫老熟后，咬一个圆孔，爬出孔口直接落地，结茧化蛹继续发生第二代或入土结茧越冬。脱果幼虫多集中于树干基部背阴面距树干0.3 ～ 1米范围内、深度3厘米左右的土层内结冬茧越冬。

图2-4　桃小食心虫成虫

图2-5　桃小食心虫成龄幼虫

图2-6　桃小食心虫幼虫食害果核周虫粪

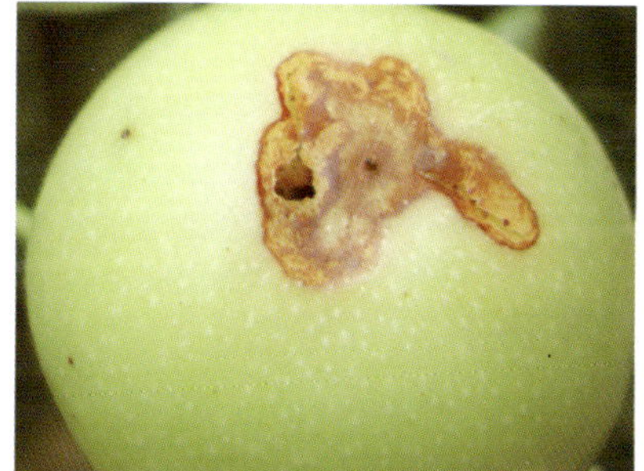
图2-7　桃小食心虫幼虫脱果孔

[防治要点]

(1) 诱捕器诱杀　应用桃小性信息素橡胶芯载体，制成水碗式诱捕器悬挂在枣园内，诱杀雄蛾。

(2) 农业防治　于5月前在树干周围1米范围内培以30厘米厚的土并踩实，或覆盖农膜，将越冬幼虫和羽化成虫闷死于土内，雨季及时扒去培土，以防烂根。

(3) 地面药剂防治　于幼虫出土期，在距树干1米范围内施药治虫，每667平方米用50%辛硫磷颗粒剂5 ~ 7.5千克，或50%辛硫磷乳剂0.5千克与50千克细沙土混合均匀撒入树冠下，或50%辛硫磷乳油800倍液对树冠下土壤喷雾。施药后，需将地面用齿耙搂耙几次，深5 ~ 10厘米，使药土混合，提高防治效果。

(4) 树上药剂防治　在卵临近孵化时，喷洒2.5%溴氰菊酯乳油3 000倍液，或20%乙氰菊酯3 000倍液，或10%氯氰菊酯乳油2 000倍液，或20%中西除虫菊酯乳油2 000倍液，或40%辛硫磷乳油1 000倍液等。

桃　蛀　螟

属鳞翅目，螟蛾科。学名：*Dichocrocis punctiferalis* Guenee，又名桃蛀野螟、桃斑螟、桃实螟、桃果蠹、桃蠹螟、桃蠹心虫、桃蛀心虫、桃实虫、桃野螟蛾、桃斑纹野螟蛾、果斑螟蛾、豹纹斑螟。分布全国各产区。危害桃、枣、杏、石榴、山楂、板栗、柿等果实。

［危害特点］幼虫从果与果、果与叶、果与枝的接触处钻入果实危害。果实内充满虫粪，致果实腐烂并造成落果或干果挂在树上。

［形态鉴别］成虫：体长10 ~ 12毫米，翅展24 ~ 26毫米，全体金黄色；胸、腹部及翅上都具有黑色斑点；触角丝状；雌蛾腹部末节呈圆锥形，雄蛾腹部末端有黑色毛丛。卵：椭圆形，长0.6 ~ 0.7毫米，乳白至红褐色。幼虫：体长22 ~ 25毫米，头部暗黑色，胸部暗红色或淡灰或浅灰蓝，腹面淡绿色；前胸背板深褐色；中、后胸及第一至八腹节各有排成2列的大小毛片8个，前列6个后列2个。蛹：褐色或淡褐色，长约13毫米（图2–8，图2–9）。

图2–8　桃蛀螟成虫

图2–9　桃蛀螟幼虫及危害状

［发生特点］黄淮地区一年发生4代，以老熟幼虫或蛹在僵果中、树皮裂缝、堆果场及残枝败叶中越冬。4月上旬越冬幼虫化蛹，下旬羽化产卵；5月中旬发生第一代；7月上旬发生第二代；8月上旬发生第三代；9月上旬为第四代，尔后以老熟幼虫或蛹越冬。成虫昼伏夜出，对黑光灯趋性强，对糖醋液也有趋性。卵散产于两果相并处和枝叶遮盖的果面或梗洼上，卵期7天左右。幼虫世代重叠严重，尤以第一、二代重叠常见，以第二代危害重。

［防治要点］

（1）农业防治　冬春季节彻底清理树上、树下干僵果及园内枯枝落叶和刮除翘裂的树皮，清除果园周围的玉米、高粱、向日葵、蓖麻等遗株深埋或烧毁，消灭越冬幼虫及蛹。

(2) 诱杀成虫 成虫发生期在果园内点黑光灯或放置糖醋液诱杀成虫。

(3) 种植诱集作物诱杀 根据桃蛀螟对玉米、高粱、向日葵趋性强的特性，在果园内或四周种植诱集作物，集中诱杀。一般每667平方米种植玉米、高粱或向日葵20 ~ 30株。

(4) 药剂防治 掌握在桃蛀螟第一、二代成虫产卵高峰期的6月20日至7月30日间喷药，施药3 ~ 5次，叶面喷洒90%晶体敌百虫800 ~ 1 000倍液，或20%乙氰菊酯1 500 ~ 2 000倍液，或2.5%溴氰菊酯乳油2 000 ~ 3 000倍液，或50%辛硫磷乳剂1 000倍液等。

枯 叶 夜 蛾

属鳞翅目，夜蛾科。学名：*Adris tyrannus* Guenee，又名通草木夜蛾。分布全国各产区。危害桃、杏、苹果、柑橘、柿、通草等果实和叶。

[危害特点] 成虫刺吸果汁，幼虫吐丝缀叶潜伏危害。

[形态鉴别] 成虫：体长35 ~ 38毫米，翅展96 ~ 106毫米，头胸部棕褐色，腹部杏黄色，触角丝状；前翅色似枯叶，从顶角至后缘内凹处有一黑褐色斜线，翅脉上有许多黑褐小点，翅基部及中央有暗绿色圆纹；后翅杏黄色，中部有一肾形黑斑，亚端区有一牛角形黑纹。卵：扁球形，直径1毫米左右，乳白色。幼虫：体长57 ~ 71毫米，头部红褐色，体黄褐或灰褐色；第一、二腹节常弯曲，第八腹节隆起，将七至十腹节连成山峰状；第二、三腹节亚背面各有一眼形斑，中黑并具月牙形白纹，各体节布有许多不规则白纹。蛹：长31 ~ 32毫米，红褐至黑褐色（图2–10，图2–11）。

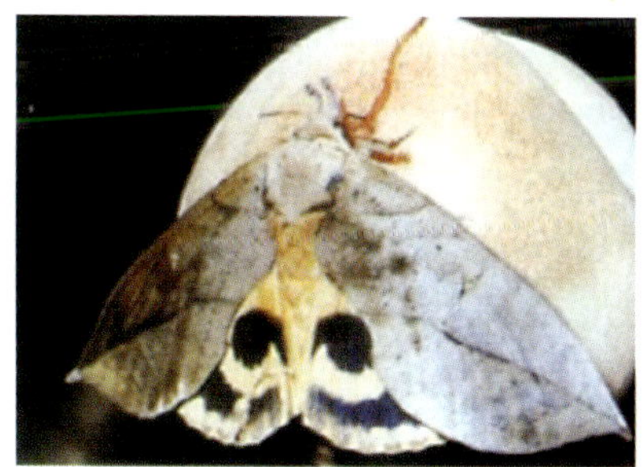
图2–10 枯叶夜蛾成虫（吕佩珂）

图2–11 枯叶夜蛾幼虫

[发生特点] 年发生2 ~ 3代，多以成虫越冬，温暖地区有以卵和中龄幼虫越冬的，发生期重叠。成虫多在7 ~ 8月危害，昼伏夜出，有趋光性，喜食香甜味浓的果实，7月前危害桃、杏等早中熟果实，后转危害苹果、梨、葡

萄等。成虫寿命较长，卵产于叶背；幼虫吐丝缀叶潜伏危害，老熟后缀叶结薄茧化蛹。

[防治要点]

(1) 农业防治　果实套袋防虫；在果园四周挂有香味的烂果诱集，22时后去捕杀成虫。

(2) 成虫发生期设置高压汞灯，诱杀成虫。

(3) 药剂防治　用果醋或酒糟液加红糖适量配成糖醋液加90%晶体敌百虫几滴诱杀成虫；或用早熟的去皮果实扎孔浸泡在50倍敌百虫液中，一天后取出晾干，再放入蜂蜜水中浸泡半天，晚上挂在果园里诱杀取食成虫。

隐头枣叶甲

属鞘翅目，叶甲科。学名：*Cryptocephalus* sp.。分布河南枣产区。危害枣花。

[危害特点] 以成虫取食枣花的花蕊，至花不能完成授粉受精而脱落。该虫是近年在河南枣区发现的一种专食枣花的新害虫，危害相当严重，对产量影响较大。

[形态鉴别] 成虫：体长约4 ~ 5毫米，长椭圆形，鞘翅及腹面均为黑色，腿为褐色，雄虫体较小。幼虫及卵缺乏系统研究（图2–12）。

图2–12　隐头枣叶甲成虫

酸枣隐头叶甲比隐头枣叶甲体型略大，体黑色，翅鞘淡黄棕色且具4对黑斑。

[发生特点] 河南中部地区5月中下旬，随着枣花的开放，隐头枣叶甲陆续出现并食害枣花的雌蕊和雄蕊，盛花期为成虫出现高峰，大量取食花蕊及蜜盘，并在树膛内飞舞；谢花后，成虫随即消失。成虫具有假死性，碰触后立即掉下树，落在地上。由于该虫的危害，枣树坐果率直线下降，受害严重的枣树几乎绝收。

[防治要点]

(1) 人工防治　①利用其假死性，在成虫危害期，树下铺塑料布，摇动树枝，震落成虫，迅即将甲虫收集起来消灭。②枣花开放前，成虫还未出土，在树冠下覆盖与树冠投影大小的塑料薄膜，四周用土压紧，防止成虫出土上树食害枣花，并可将成虫闷死于土中。

(2) 药剂防治

①树冠下土壤处理　枣花开放前，成虫还未出土，于树冠下土表均匀喷

布50%辛硫磷乳油300～500倍液，或2.5%溴氰菊酯乳油2 500～3 000倍液，或40%哒嗪硫磷乳油1 000～1 500倍液等，或在树冠下撒5%辛硫磷颗粒剂，每株成树撒100～150克，施药后浅锄土表使药土混匀，以杀死出土的成虫。枣树谢花前，在地面再喷一次上述任一种药剂，以消灭入土的成虫，降低越冬基数。

②树冠喷药防治　成虫危害期树冠上喷洒90%晶体敌百虫，或50%辛硫磷乳油1 000～1 500倍液，或5.7%氟氯氰菊酯乳油3 000倍液，或10%醚菊酯乳油2 000倍液，或21%菊·马乳油，或5%氟啶脲乳油1 500～2 000倍液等。

阔胫赤绒金龟

属鞘翅目，鳃金龟科。学名：*Maladera verticalis* Fairm。又名阔胫鳃金龟。分布东北、华北、黄淮等产区。危害枣、樱桃、李、苹果、梨等果树芽和叶。

［危害特点］主要以成虫食害果树的蕾花、嫩芽和叶。

［形态鉴别］成虫体长约8毫米。全体赤褐色有光泽，密生绒毛。鞘翅布满纵列隆起纹（图2–13，图2–14）。

图2–13　阔胫赤绒金龟初羽成虫食害枣花

图2–14　阔胫赤绒金龟成虫食害枣花

［发生特点］年发生1代，以成虫在土中越冬。6月在果树根系周围土中产卵。成虫有假死性和趋光性，昼伏夜出，晚上取食危害。天敌有：红尾伯劳、灰山椒鸟、黄鹂等益鸟和朝鲜小庭虎甲、深山虎甲、粗尾拟地甲及寄生蜂、寄生蝇、寄生菌等。

［防治要点］此虫虫源来自多方面，特别是荒地虫量最多，故应以消灭成虫为主。

（1）早、晚张网震落成虫，捕杀之。

（2）保护利用天敌。

（3）地面施药，控制潜土成虫。于早晨成虫入土后或傍晚成虫出土前，地面撒施5%辛硫磷颗粒剂每667平方米3千克，或每667平方米用50%辛硫磷乳油0.3 ～ 0.4千克加细土30 ～ 40千克拌成的毒土撒施；或50%辛硫磷乳油500 ～ 600倍液均匀喷于地面。使用辛硫磷后及时浅耙，提高防效。

(4) 树上施药。成虫发生期，喷洒52.25%蜱·氯乳油，或50%杀螟硫磷乳油，或45%马拉硫磷乳油，或48%毒死蜱乳油1 500倍液，或2.5%溴氰菊酯乳油2 000 ～ 3 000倍液，或10%醚菊酯乳油800 ～ 1 000倍液等。

枣　尺　蠖

属鳞翅目，尺蛾科。学名：*Sucra jujuba* Chu ，又名枣步曲。长江以北枣区均有分布。危害枣、苹果、梨、桃等果树幼芽、叶及花蕾。

[危害特点] 幼虫食害芽、叶成孔洞和缺刻，严重时将叶片吃光。

[形态鉴别] 成虫：雌雄异型。雌体长12 ～ 17毫米，被灰褐色鳞毛，无翅，头细小，触角丝状，足灰黑色，腹部锥形，尾端有黑色鳞毛一丛；雄体长10 ～ 15毫米，翅展30 ～ 33毫米，灰褐色，触角橙褐色羽状，前翅内、外线黑褐色波状，前后翅中室均有黑灰色斑点1个。卵：椭圆形，长0.95毫米，初淡绿渐至褐色。幼虫：1龄幼黑色，有5条白色纵走纹；2龄幼虫绿色，有7条白色纵走条纹；3龄幼虫灰绿色，有13条白色纵条纹；4龄幼虫纵条纹变为黄色与灰白色相间；5龄幼虫（老熟幼虫）体长约45毫米，灰褐色或青灰色，有多条黑色纵线及灰黑色花纹，胸足3对，腹足1对，臀足1对。蛹：长10 ～ 15毫米，纺锤形，黄至红褐色（图2–15，图2–16，图2–17）。

图2–15　枣尺蠖雌成虫

图2–16　枣尺蠖幼虫（褐色形）

图2–17　枣尺蠖幼虫（黑色形）

[发生特点] 年发生1代，以蛹在土中5 ～ 10厘米处越冬。翌年3月下

旬羽化为成虫。早春多雨利其发生，土壤干燥出土延迟且分散，有的拖后40～50天。雌蛾出土后栖息在树干基部或土块上、杂草中，夜间爬到树上等雄蛾飞来交尾，雄蛾具趋光性。卵多产在树皮缝内或树杈处，卵期10～25天，一般枣发芽时开始孵化，幼虫历期30天左右，具吐丝下垂习性，5月底到7月上旬，幼虫陆续老熟入土化蛹，越夏和越冬。天敌有枣尺蠖寄蝇、家蚕追寄蝇、枣步曲肿正付姬蜂等。

［防治要点］

（1）农业防治　冬春季耕翻树盘，利用冻害或鸟食灭蛹；幼虫发生期震落捕杀幼虫，或在树干基部束绑宽约10厘米的塑料薄膜，膜下部用土压实，于薄膜上涂黄油或废机油，阻止幼虫上树。

（2）生物防治　用苏云金杆菌加水对成每毫升含0.1亿～0.25亿个孢子的菌液，并加入10万分之一的敌百虫于幼虫期喷洒；也可田间采集被病毒感染的病死虫，研磨后，用纱布过滤，对水喷雾，每667平方米枣林用病毒死虫7～10条，在幼虫期喷洒均有良好防效。

（3）药剂防治

①地面施药　在树干周围喷洒90%晶体敌百虫800～1 000倍液，或撒布40%辛硫磷颗粒剂，施药后地面用齿耙来回楼耙几次，使药土混匀，阻止成虫上树并毒杀成虫及初孵幼虫。

②叶面喷药　在幼虫孵化前后喷洒20%甲氰菊酯乳油，或2.5%溴氰菊酯乳油2 500倍液，或2.5%氯氟氰菊酯乳油，或50%顺式氰戊菊酯乳油3 000倍液，或20%氰戊菊酯乳油2 000倍液，或50%杀螟硫磷乳油1 000倍液。

枣　豆　虫

属鳞翅目，天蛾科。学名：*Marumba gaschkewitschi* Bremer et Grey，又名枣桃六点天蛾。全国多数枣产区有分布。危害枣、桃、杏、樱桃、李等果树叶。

［危害特点］幼龄幼虫将叶片吃成孔洞或缺刻，随虫龄增大常将叶片吃掉大半甚至吃光。

［形态鉴别］成虫：体长36～46毫米，翅展82～120毫米。体、翅黄褐色至灰褐色；前胸背板棕黄色，腹部各节间有棕色横环；前翅有4条深褐色波状横带，后缘近后角处有1个黑斑，其前方有1个小黑点；后翅枯黄至粉红色，近臀角处有2个黑斑；前翅腹面粉红色，后翅腹面灰褐色。卵：椭圆形，长约1.6毫米，绿色有光泽。幼虫：体长80～84毫米，绿色或黄褐色；头部三角形，青绿色，每节两侧各有1条黄白色斜条纹，第八腹节背面后缘有1个很长的斜向后方的尾角。蛹：长约45毫米，黑褐色（图2–18，图2–19）。

［发生特点］在东北和华北部分地区年发生1代，黄淮地区发生2代，以

图2-18 枣豆虫成虫

图2-19 枣豆虫幼虫

蛹在土中越冬。1代区，成虫于6月羽化，7月上旬出现幼虫，危害至9月份，老熟入土化蛹越冬。2代区，5月中旬至6月中旬羽化，第一代幼虫5月下旬至7月发生，第一代成虫7月发生。第二代幼虫7月下旬发生，危害至9月，入土化蛹越冬。成虫昼伏夜出，有趋光性。卵多产于树皮裂缝中。幼虫体大食量也大，暴食叶片。老熟幼虫多在树冠下疏松土中4 ~ 7厘米深处做土室化蛹。幼虫天敌有寄生蜂等 。

[防治要点]

(1) 农业防治 冬春深翻树盘，利用低温或鸟食消灭土中越冬蛹。幼虫发生期经常检查，发现危害及时捕捉消灭。成虫发生期设置黑光灯诱杀成虫。

(2) 药剂防治 在幼虫初孵期及时喷洒48%哒嗪硫磷乳油，或50%杀螟硫磷乳油，或70%马拉硫磷乳油1 000倍液，或20%氰戊菊酯乳油3 000 ~ 3 500倍液，或52.25%蜱·氯乳油1 500倍液。

枣顶冠瘿螨

属蜱螨目，瘿螨科。学名：*Epitrimerus zizyphagus* Keifer，又名枣锈螨、枣锈壁虱、四脚螨，俗称枣灰叶。主分布于黄淮枣区。危害叶、花和幼果。

[危害特点] 以成、若虫吸食叶、花、果汁液。叶片受害后，呈现灰白色，沿叶脉向叶面卷曲，后期叶缘焦枯。蕾、花受害后渐变褐色，干枯脱落。果实受害后出现褐色锈斑，重者落果。受害严重的树早期大量落叶、落果，枣头顶端、芽、叶、枝枯死，影响树冠扩大，削弱树势。

[形态鉴别] 成螨：体圆锥形，似胡萝卜状，宽0.10 ~ 0.11毫米；越冬代体型前后端都较宽，非越冬代前端宽而尾部细，体白色至淡黄色；头胸部两侧有分节的足2对；口器钳状刺吸式，凸出头胸部前端；头胸部背板呈盾状，其上网纹带有颗粒；腹部向后渐细，有明显突起的环纹40多个，全身3对刚毛指向后方。卵：圆球形，直径0.079 ~ 0.097毫米，淡黄色。若螨：体形与成螨相似，略小，初孵化时白色半透明（图2-20，图2-21）。

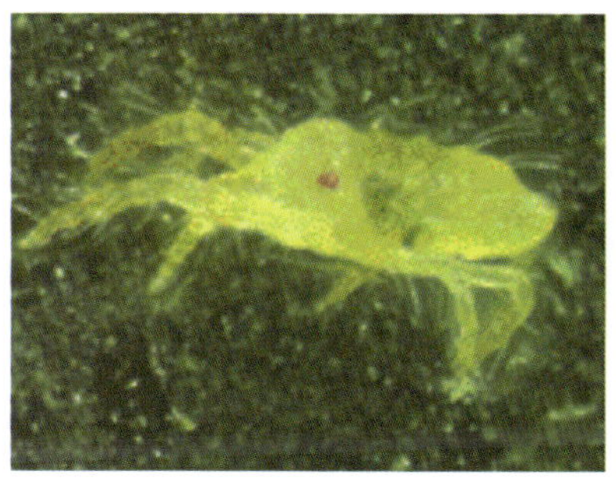

图2–20　枣顶冠瘿螨成螨

图2–21　枣顶冠瘿螨为害叶状

［发生特点］年发生3～4代，以成螨、若螨在枣股鳞片或枣枝皮缝内越夏越冬，具有代数多、抗逆力强、蔓延迅速、分布面广、难于控制的特点。翌年4月下旬枣树发芽时出蛰危害嫩芽。枣树展叶后群集于叶片基部叶脉两侧的正反面，后逐渐布满叶片、枣果及枣头危害。5月中、下旬产卵，卵散产于叶片正、反面及枣头上。6月上旬当平均气温达20℃时虫口密度急剧上升，为全年危害盛期，叶片及枣头顶端生长点完全被螨体布满。6月下旬螨卵和若螨在幼果梗洼、果肩部危害。7月中旬气温达24℃以上时卵、螨同时发生，为第三个危害高峰期，9月中旬全部迁移到枣股缝隙，转入休眠状态。6～8月降水量少时发生严重。

［防治要点］

（1）农业防治　冬春季用硬刷子刮刷老树皮，消灭其上越冬螨；夏季干旱时用高压喷雾器叶面喷清水和及时果园灌水，对减轻螨害作用很大；5月上旬发生初期，用高压喷雾器喷洒洗衣粉500倍液，效果好且不污染环境。

（2）药剂防治　于4月上旬枣树发芽前用5波美度石硫合剂喷布枣树，以消灭越冬成螨；5月上中旬、7月上旬树上喷洒0.3～0.5波美度石硫合剂，或5%苯螨特乳油2 000倍液；8月上旬喷洒2%氟丙菊酯乳油1 500倍液，或5.7%氟氯氰菊酯乳油3 000倍液等，兼治枣黏虫和桃蛀螟等。

枣　瘿　蚊

属双翅目，瘿蚊科。学名：*Contarinia* sp.，分布全国各枣区。危害枣嫩芽和叶。

［危害特点］以幼虫吸食枣叶汁液致叶肉增厚，叶两边纵卷成筒状，叶呈棕红色至紫红色，变硬发脆，最后变成黑褐色，枯萎。

［形态鉴别］成虫：体长1.4～2.0毫米；头胸部黑绿至黑褐色，腹部背面黑褐色，胸背、腹部背面具3块黑褐色斑，相间红褐色横带；触角细长，念

珠状；前翅椭圆形，后翅退化成平衡棍；后胸凸起明显，腹部8节细长；足细长。卵：长椭圆形，长0.3毫米。幼虫：体长1.5 ~ 2.9毫米，蛆形，乳白至黄褐色，外被椭圆形灰白色薄茧（图2—22，图2—23）。

图2—22　枣瘿蚊幼虫

图2—23　枣瘿蚊幼虫害嫩梢枯死（左初右枯）

［发生特点］黄淮枣区年发生5 ~ 6代，以幼虫在树下土壤浅层3 ~ 5厘米处结茧越冬。翌年枣树发芽后，在土中茧内化蛹，5月中旬羽化，成虫期1 ~ 3天。成虫产卵于未展开的嫩叶缝隙处，卵期3 ~ 6天。卵孵化后，每叶内有2 ~ 10多只幼虫吸食汁液，6月上旬幼虫卷叶危害，幼虫期8 ~ 13天。幼虫老熟后脱叶入土化蛹，蛹期6 ~ 12天。幼树或树冠低矮的枣树受害重。

［防治要点］

（1）农业防治　冬春季翻树盘，利用低温、鸟食，消灭越冬幼虫；春季成虫羽化前，在树干1米直径地面覆盖农膜，阻止成虫出土。

（2）药剂防治　成虫羽化出土前或幼虫脱叶入土前，在树干地面上撒10%辛硫磷颗粒剂，施后把土耙松拌匀。幼虫期叶面喷洒25%甲奈威可湿性粉剂500倍液，或50%丙硫磷乳油1 500倍液，或48%哒嗪硫磷乳油，或90%晶体敌百虫1 000倍液。

枣　飞　象

属鞘翅目，象甲科。学名：*Scythropus yasumatsui* Kono et Morimoto，又名食芽象甲、大谷月象、枣芽象甲、小灰象鼻虫。分布于全国各枣区。危害枣、苹果、梨、核桃等果树芽、叶。

［危害特点］成虫食芽、叶，常将枣树嫩芽吃光，第二、三批芽才能长出枝叶来，推迟生育，削弱树势，降低产量与品质。幼虫生活于土中，危害植物地下部组织。

［形态鉴别］成虫：体长4 ~ 6毫米，长椭圆形，体黑色，被白、土黄、暗灰等色鳞片，体呈深灰至土黄灰色，腹面银灰色；头宽，喙短粗、宽略大于长，背面中部略凹；触角膝状11节，着生在头管近前端；前胸宽略大于

长，两侧中部圆突；鞘翅长2倍于宽，近端部1/3处最宽，末端较狭，两侧包向腹面，鞘翅上各有纵刻点列9～10行。卵：椭圆形，0.6毫米×0.4毫米，初乳白渐至黑褐色。幼虫：体长5～7毫米，头淡褐色，体乳白色，各节多横皱略弯曲，无足，前胸背面淡黄色。蛹：长4～6毫米，略呈纺锤形，乳白至红褐色（图2-24）。

图2-24 枣飞象成虫

[发生特点] 年发生1代，以幼虫于5～10厘米深土中越冬。3月下旬越冬幼虫开始上移到表土层活动、危害，4月上旬至5月上旬老熟化蛹，蛹期12～15天。4月下旬至5月上旬成虫羽化，经4～7天出土，成虫寿命20～30天，危害至6月上旬，成虫多沿树干爬上树危害，以10～16时高温时最为活跃，可作短距离飞翔，早晚低温或阴雨刮风时，多栖息在枝杈处和枣股基部不动，受惊扰假死落地。卵产于枝干皮缝和枣股脱落后的枝痕内，数粒成堆产在一起。产卵期5月上旬至6月上旬，卵期20天左右，5月中旬陆续孵化落地入土，危害至秋后做近圆形土室于内越冬。

[防治要点]

(1) 农业防治 成虫出土前树干周围铺塑料薄膜，周围用土压实，将土中羽化成虫闷死于地下；成虫上树后，树下铺塑料布，早、晚震落搜集成虫捕杀之。

(2) 土壤处理 4月下旬成虫开始出土上树时，用25%辛硫磷胶囊剂200～300倍液，喷洒树干及干基部60～90厘米范围内地面，树下喷药至淋洗状态，或撒5%辛硫磷颗粒剂，每株成树撒100～150克，撒后浅耙表土使土药混匀，毒杀上树成虫效果好且省工。该措施做得好，基本可控制此虫危害。

(3) 药剂防治 成虫危害期树冠上可喷洒90%晶体敌百虫，或50%辛硫磷乳油1 000～1 500倍液，或5.7%氟氯氰菊酯乳油3 000倍液，或10%醚菊酯乳油2 000倍液等防治。

枣 绮 夜 蛾

属鳞翅目，夜蛾科。学名：*Porphyrinia parva* (Hübner)，又名枣花心虫。全国多数枣区有分布。危害枣花、蕾、幼果。

[危害特点] 以幼虫食害枣花、蕾、幼果。枣花盛开时幼虫吐丝缀连枣花，并钻在花丛中食害花蕊，被害花只剩下花瓣和花盘，不久枯萎脱落，重

者能把结果枝上的花全部吃光。枣果生长期幼虫吐丝缠绕果梗，然后蛀食枣果，使其黄萎，但不脱落。大发生年份具有毁灭性危害。

[形态鉴别] 成虫：体长约5毫米，翅展15毫米左右；体腹面、胸背、翅基均为灰白色；前翅棕褐色，有白色横波纹3条；中横纹弧形，淡灰色；亚缘线与中横纹平行，其间为淡棕褐色带；亚缘线与外缘线间为淡黑褐色，其间靠前缘有1晕斑。卵：馒头形，有放射状花纹，初白色渐至淡红色。幼虫：体长10～14毫米，淡黄绿色，与枣花颜色相似；胸、腹的背面有成对的似菱形的紫红色线纹；各节稀生长毛；腹足3对。蛹：长6～7毫米，黄褐色（图2–25，图2–26）。

图2–25 枣绮夜蛾幼虫危害花蕾（引自邱强）

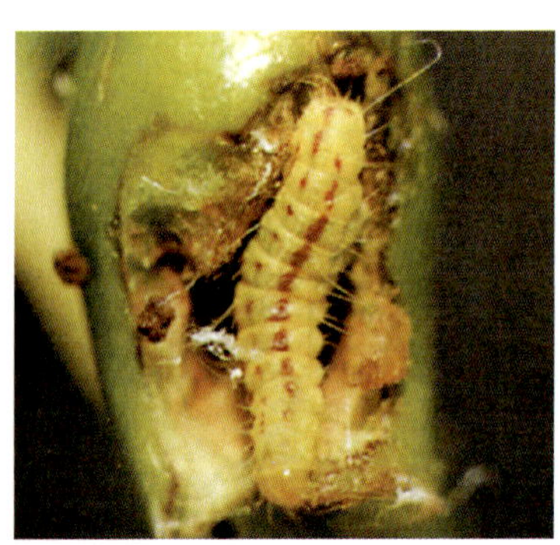

图2–26 枣绮夜蛾幼虫危害果

[发生特点] 在兰州地区年发生1代，在河北、山东、浙江等地年发生2代。以蛹在树皮裂缝、树洞等处越冬。翌年5月成虫羽化，成虫有趋光性，卵多散产于花梗杈间或叶柄基部。5月下旬第一代幼虫孵化后即迁回到花丛间食害枣花，并吐丝缀连花簇在其中危害，其后继续取食危害幼果；幼虫行动迟缓，受惊后会吐丝下垂。第一代幼虫6月上旬至7月中旬老熟化蛹，一部分不再羽化而越冬；另一部分6月下旬至7月下旬羽化，7月上旬第二代幼虫出现，此代幼虫多取食枣果，危害至8月中旬老熟并结茧化蛹越冬。后期无花、果可食时，则吐丝将枝端嫩叶黏合一起，藏于其中危害。

[防治要点]

(1) 农业防治　冬春季刮刷枣树粗裂翘皮，消灭越冬蛹；幼虫老熟前，在枝条基部绑草把，引诱老熟幼虫入草化蛹后取下烧毁。

(2) 药剂防治　5月下旬、7月上旬喷药杀灭幼虫，可用50%马拉硫磷乳油，或50%杀螟硫磷乳油1 000倍液，或25%灭幼脲悬浮剂2 000倍液，或2.5%氯氟氰菊酯乳油3 000倍液等。

绿尾大蚕蛾

属鳞翅目，大蚕蛾科。学名：*Actias selene ningpoana* Felder，又名燕尾水青蛾、水青蛾、长尾月蛾、绿翅天蚕蛾。除新疆、西藏、甘肃等地未见报导外，其它各枣产区均有分布。危害枣、苹果、梨、葡萄、樱桃等果树叶。

［危害特点］幼虫食叶，低龄幼虫食叶成缺刻或空洞，稍大吃光全叶仅留叶柄。由于虫体大，食量大，发生严重时，吃光全树叶片。

［形态鉴别］成虫：雄体长35～40毫米，翅展100～110毫米；雌体长40～45毫米，翅展120～130毫米；体被浓厚白色绒毛，体腹面近褐色；触角黄色羽状；雌翅粉绿色，雄翅色较浅，泛米黄色；前翅前缘具白、紫、棕黑三色组成的纵带一条；前后翅中室末端各具椭圆形眼斑1个；后翅臀角长尾状突出，长40毫米左右。卵：球形稍扁，直径约2毫米，灰白至紫褐色。幼虫：1～2龄幼虫黑色，3龄幼虫全体橘黄色，4龄开始渐变嫩绿色，老熟幼虫体长80～110毫米；体绿色粗壮，近结茧化蛹时变为茶褐色；体节近六角形，着生肉状突毛瘤，毛瘤上具白色刚毛和褐色短刺；毛瘤顶部红色基部棕黑色；体腹面黑色。茧：灰白色丝质粗糙，长卵圆形，长50～55毫米，短25～30毫米，茧外常有寄主叶裹着。蛹：长45～50毫米，紫褐色（图2–27，图2–28，图2–29，图2–30）。

［发生特点］年发生2～4代，在树上作茧化蛹越冬。北方枣产区越冬蛹4月中旬至5月上旬羽化并产卵，卵期10～15天，第一代幼虫5月上、中旬孵化，老熟幼虫6月上中旬开始化蛹，第一代成虫6月下旬至7月初羽化产卵，卵期8～9天；第二代幼虫7月上旬孵化，至9月底老熟幼虫结茧化蛹。成虫昼伏夜出，有趋光性，卵堆产，每堆有卵几粒至二三十粒。1、2龄幼虫有集群性，较活跃；3龄以后逐渐分散，食量增大，行动迟钝。幼虫老熟后贴枝吐丝缀结多片叶在其内结茧化蛹。越冬茧多在树干下部分叉处。天敌有赤眼蜂等。

［防治要点］

（1）**农业防治**　冬春季清除果园枯枝落叶和杂草，摘除越冬虫茧销毁；生长季节人工捕杀幼虫，设置黑光灯诱杀成虫。

（2）**生物防治**　保护利用天敌，赤眼蜂在室内对卵的寄生率达84%～88%。

（3）**药剂防治**　幼虫3龄前喷药防治效果最佳，4龄后由于虫体增大用药效果差，可喷洒50%杀螟硫磷乳油1 500倍液，或50%辛硫磷乳油2 000倍液，或25%灭幼脲胶悬剂，或10%氯菊酯乳油1 000倍液，或10%乙氰菊酯乳油800～1 000倍液等。

图2-27　绿尾大蚕蛾成虫

图2-28　绿尾大蚕蛾卵及初孵幼虫

图2-29　绿尾大蚕蛾成龄幼虫

图2-30　绿尾大蚕蛾缀叶茧

樗　蚕　蛾

属鳞翅目，大蚕蛾科。学名：*Philosamia cynthia* Walker et Felder，又名樗蚕、柏蚕、乌柏樗蚕蛾。分布华北、黄淮、华南、西南枣产区。危害枣、石榴、花椒、梨、桃、核桃、柑橘等果树芽、叶。

［危害特点］幼虫食叶和嫩芽，轻者食叶成缺刻或孔洞，严重时把叶片吃光。

［形态鉴别］成虫：体长25 ~ 30毫米，翅展110 ~ 130毫米；体青褐色，头部四周、颈板前端、前胸后缘、腹部背面、侧线及末端为白色；腹部背面各节有白色斑纹6对；前翅褐色，前翅顶角圆而突出，粉紫色，具有黑色眼状斑，斑的上边为白色弧形；前后翅中央各有一个较大的新月形斑，新月形斑上缘深褐色，中间半透明，下缘土黄色，外侧具一条纵贯全翅的宽带，宽带中间粉红色，外侧白色、内侧深褐色，基角褐色，其边缘有一条白色曲纹。卵：灰白或淡黄白色，扁椭圆形，长约1.5毫米。幼虫：幼龄幼虫淡黄色，有黑色斑点，中龄后全体被白粉，青绿色；老熟幼虫体长55 ~ 75毫米；体粗

大，头、胸部具对称蓝绿色略向后倾斜的棘状突起，突起之间有黑色小点；胸足黄色，腹足青绿色，端部黄色。茧：口袋状或橄榄形，长约50毫米，上端开口，用丝缀叶而成，土黄色或灰白色。茧柄长约40～130毫米，常以一张寄主的叶包着半边茧。蛹：棕褐色椭圆形，长26～30毫米，宽14毫米（图2-31，图2-32，图2-33，图2-34）。

图2-31　樗蚕蛾成虫

图2-32　樗蚕蛾低龄幼虫

图2-33　樗蚕蛾成龄幼虫

图2-34　樗蚕蛾茧

［发生特点］北方年发生1～2代，南方年发生2～3代，以蛹在茧内越冬。河南中部越冬蛹于4月下旬开始羽化为成虫，成虫有趋光性，远距离飞行可达3 000米以上。成虫寿命5～10天。卵块状产在寄主的叶背和叶面上，单雌产卵300粒左右，卵历期10～15天。第一代幼虫在5月份危害，幼虫历期30天左右，初孵幼虫群集危害，稍大后逐渐分散。在枝叶上由下而上，昼夜取食。幼虫老熟后即在树上缀叶结茧，树上无叶时，则下树在地被物上结褐色粗茧化蛹，蛹期50多天。7月底8月初第一代成虫羽化产卵。9～11月第二代幼虫发生危害，以后陆续作厚茧化蛹越冬。幼虫天敌有绒茧蜂、喜马拉雅姬蜂、稻苞虫黑瘤姬蜂、樗蚕黑点瘤姬蜂等。

［防治要点］

（1）人工捕捉　人工摘除卵块或直接捕杀幼虫喂食家禽；摘下的茧可用

于巢丝和榨油。

（2）**灯光诱杀** 掌握好各代成虫的羽化期，用黑光灯进行诱杀。

（3）**生物防治** 保护和利用天敌防治。

（4）**药剂防治** 卵孵化前后和低龄幼虫期，喷洒50%辛硫磷乳油，或80%敌敌畏乳油1 000倍液，或5%氯氰菊酯乳油或2.5%溴氰菊酯乳油，或20%甲氰菊酯乳油2 000倍液，或甲氰菊酯加辛硫磷各半1 500倍液，施药后24小时，其防治效果均为100%；不同剂型的鱼藤酮防治效果也很好；也可用20%敌敌畏熏烟剂，每667平方米0.5 ～ 0.7千克，防治幼龄幼虫效果好。

黑额光叶甲

属鞘翅目，肖叶甲科。学名：*Smaragdina nigrifrons* (Hope)。分布全国各产区，危害枣、栗、花椒等果树芽和叶。

［危害特点］以成虫食害嫩芽和叶片成孔洞或缺刻，重时可将生长点吃光，影响树冠生长。

［形态鉴别］成虫：体长6.5 ～ 7毫米，宽3毫米，长方形至长卵圆形，头漆黑；前胸红褐色或黄褐色，光亮，有的生黑斑；三角形小盾片、鞘翅黄褐色至红褐色，鞘翅基部、中后部各具黑色宽横带1条；触角细短，基部4节黄褐色，其余黑色；雄虫腹面红褐色，雌虫腹面大部分呈黑色；本种背面黑斑、腹部颜色差异大；足基节、转节黄褐色，其余为黑色；头部在两复眼间横向下凹，头顶高凸；鞘翅刻点稀疏，呈不规则排列（图2-35）。

图2–35　黑额光叶甲成虫

［发生特点］不详。

［防治要点］

（1）**农业防治** 利用成虫假死性，振落捕杀

（2）**药剂防治** 成虫发生期叶面喷洒40%毒死蜱乳油1 000倍液，或20%哒嗪硫磷乳油800 ～ 1 000倍液，或2.5%溴氰菊酯乳油3 000倍液，或10%氯氰菊酯乳油2 000 ～ 3 000倍液，或20%氰戊菊酯乳油2 000倍液等。

油桐尺蠖

属鳞翅目，尺蠖蛾科。学名*Buzura suppressaria* Guenée，又名大尺蠖、量尺虫、油桐尺蛾、柴棍虫、卡步虫等。分布黄淮、华南、华东、西南等产区。

危害柿、梨、板栗、柑橘、花椒、茶等果树及油桐等林木叶。

［危害特点］ 幼虫食叶成缺刻或孔洞，重则把叶片吃光，致上部枝梢枯死。

［形态鉴别］ 成虫：雌蛾体长24 ~ 25毫米，翅展67 ~ 76毫米；触角丝状；体翅灰白色，密布灰黑色小点；翅上具3条不规则黄褐色波状横纹，翅外缘波浪状，具黄褐色缘毛；腹末具黄色茸毛。雄蛾体长19 ~ 23毫米，翅展50 ~ 61毫米；触角羽毛状，翅上具2条灰黑色横线，腹末尖细，其他特征同雌蛾。卵：椭圆形，长0.7 ~ 0.8毫米，初蓝绿渐变黑色，常数百至千余粒聚集成堆，上覆黄色茸毛。幼虫：成龄体长56 ~ 65毫米；体色有深褐、灰褐、灰绿、青绿色等多型；头密布棕色颗状小点；前胸背面生突起2个，腹面灰绿色，胸腹部各节均具颗粒状小点，气门紫红色。蛹：圆锥形，长19 ~ 27毫米（图2-36，图2-37）。

图2-36　油桐尺蠖幼虫

图2-37　油桐尺蠖老龄幼虫

［发生特点］ 河南年发生2代，安徽、湖南年发生2 ~ 3代，广东3 ~ 4代。以蛹在土中越冬，翌年4月成虫羽化产卵。湖南长沙一代成虫寿命6.5天，二代5天；卵期一代15.4天，二代9天；幼虫期一代33.6天，二代35.1天；蛹期一代36天，越冬蛹期195天。成虫昼伏夜出，受惊后落地假死或做短距离飞行，有趋光性。卵多块产于主干皮缝或茶丛枝叶间。单雌产卵2 000 ~ 3 700余粒。低龄幼虫取食叶片上表皮和叶肉，使叶片呈红褐色焦斑，稍大后食叶成缺刻，重至吃光全叶。老熟后入土3 ~ 5厘米在距树干30厘米半径内化蛹。天敌有黑卵蜂、寄生蝇等。

［防治要点］

（1）**农业防治**　冬春季翻耕园地，利用低温和鸟食消灭越冬蛹；根据成虫多栖息于高大树木或建筑物上及受惊后有落地假死习性，在各代成虫期于清晨进行人工扑打；卵期刮除树皮缝隙中的卵块。

（2）成虫盛发期利用黑光灯诱杀成虫。

（3）**喷洒油桐尺蠖核型多角体病毒防治**　在第一代幼虫1 ~ 2龄期喷洒每毫升含1.4×10^8油桐尺蠖核型多角体病毒液，当代幼虫死亡率80%，持效3

年以上。

（4）药剂防治　掌握在卵孵化前后的关键期施药，可喷洒20%氰戊菊酯乳油1 500倍液或52.25%蜱·氯乳油1 500 ～ 2 000倍液；25%甲奈威可湿性粉剂600 ～ 800倍液，或25%灭幼脲悬浮剂800 ～ 1 000倍液等。

双线盗毒蛾

属鳞翅目，毒蛾科。学名：*Porthesia scintillans* Walker。分布全国多数枣产区。危害枇杷、枣、柿、桃、梨、柑橘等果树芽、叶。

[危害特点] 以幼虫咬食新梢嫩芽和叶，致芽、叶缺刻并枯死；啃食花器和谢花后的小果，致落花落果。

[形态鉴别] 成虫：体长12 ～ 14毫米，翅展20 ～ 38毫米，体暗黄褐色；前翅褐色至赤褐色，内、外线黄色，前缘、外缘和缘毛柠檬黄色，外缘和缘毛被黄褐色部分分隔成三段；后翅淡黄色。卵：扁圆球形。幼虫：老熟幼虫体长21 ～ 28毫米，头部浅褐至褐色，胸、腹部暗棕色，前中胸和第三至七腹节、以及第九腹节背线黄色，中央贯穿红色细线；后胸红色，前胸侧瘤红色，第一、二和第八腹节背面有黑色绒球状短毛簇，其余毛瘤为污黑色或浅褐色。蛹：圆锥形，长约13毫米，褐色，外被疏松的棕色丝茧（图2–38，图2–39）。

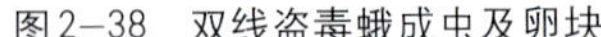
图2–38　双线盗毒蛾成虫及卵块

图2–39　双线盗毒蛾幼虫

[发生特点] 福建年发生7代，以幼虫在寄主叶片间越冬。广州等冬季气温较暖地区，年发生10多代，无越冬现象。沿黄地区，4月上旬幼虫出蛰活动危害，5月上旬越冬代成虫始见。成虫昼伏夜出，有趋光性。卵块产在叶背或花穗枝梗上，上覆黄褐色或棕色毛。初孵幼虫有群集性，在叶背取食叶肉，残留上表皮。稍大后分散危害，将叶片食成缺刻或孔洞，或咬食花器，或咬食刚谢花的幼果。老熟幼虫入表土层结茧化蛹。幼虫天敌有姬蜂、小茧蜂和食虫鸟类等。

[防治要点]

(1) 农业防治　果树生长季节及冬春季及时中耕园地和清除园内外杂草，杀死土中虫蛹。结合疏梢、疏花疏果，捕杀幼虫。

(2) 药剂防治　卵孵化盛期和低龄幼虫期叶面喷洒80%敌敌畏乳油800～1 000倍液，或10%氯氰菊酯乳油2 500～3 000倍液，或2.5%氯氟氰菊酯乳油2 000～2 500倍液，或40%辛硫磷乳油1 000倍液，或10%吡虫啉可湿性粉剂2 000倍液等。

枣　红　蜘　蛛

属真螨目，叶螨科。学名：*Tetranychus cinnabarinus* (Bois)。又名朱砂叶螨、棉红蜘蛛。分布全国各产区。危害枣、桃等多种果树及农作物芽和叶。

[危害特点] 以成螨、幼螨和若螨群集在嫩芽和叶片背面吸食汁液，被害芽、叶初期出现失绿的小斑点，后逐渐扩大成片，严重时叶片呈枯白色，提前落叶、落果。

[形态鉴别] 成螨：椭圆形，锈红色或深红色，背毛26根，足4对。雌成螨体长宽0.42～0.5毫米×0.3毫米，体两侧有黑斑2对；雄成螨体长宽0.4毫米×0.2毫米。卵：近球形，直径0.13毫米，初无色透明渐变浅红色。幼螨：近圆形，浅红色，长约0.15毫米，透明，具3对足。若螨：椭圆形，体长0.2毫米，似成螨，具4对足，体色初淡渐变红色（图2–40，图2–41）。

图2–40　枣红蜘蛛吐丝结网

图2–41　枣红蜘蛛危害叶失绿

[发生特点] 北方年发生12～15代，南方年发生18～20代。以雌成螨在树皮裂缝、杂草根际和土缝中越冬。翌年3月中下旬至4月中旬，枣树萌芽时出蛰活动危害，初为点片发生，以受害株为中心，靠爬行或吐丝下垂借风雨传播；6～8月为发生高峰期，危害至10月中下旬越冬。具孤雌生殖习性。卵多散产于叶背，孵化后群集于叶背基部，沿叶脉危害，并吐丝结网，在虫口密度大时，相互拥挤集结成球，聚于叶端。高温、干旱和刮风利于该虫的

发生和传播，气温高于35℃时，停止繁殖。强降雨对其有抑制作用。

［防治要点］

(1) 农业防治　冬春季刮树皮、铲除杂草、清除落叶，结合施肥一并深埋，耕翻园地，消灭越冬雌虫和若虫。

(2) 药剂防治　①发芽前树体喷洒3～5波美度石硫合剂或100倍阿维柴油乳剂，消灭越冬虫源。②5月下旬若螨发生盛期是当年防治的关键期，可喷洒2%阿维菌素乳油3 000倍液，或20%哒螨灵乳油2 000倍液，或10%浏阳霉素乳油1 000倍液，或25%苯丁锡可湿性粉剂1 000～1 500倍液，或20%双甲脒乳油1 000倍液等。注意在点片发生的初期及时防治，可起到事半功倍的效果。

枣　刺　蛾

属鳞翅目，刺蛾科。学名：*Iragoides conjuncta* (Walker)。又名枣奕刺蛾。分布华北、黄淮、华东等产区。危害枣、柿、梨、苹果、山楂、杏、核桃等果树叶。

［危害特点］低龄幼虫取食叶肉，仅留表皮，虫龄稍大即取食全叶。

［形态鉴别］成虫：雌成虫翅展29～33毫米，触角丝状；雄成虫翅展28～31.5毫米，触角短双栉齿状。全体褐色，胸背中间鳞毛红褐色；腹部背面各节有似“人”字形的褐红色鳞毛；前翅基部褐色，中部黄褐色，近外缘处有2块似菱形的斑纹彼此连接，靠前一块褐色，后边一块红褐色；后翅灰褐色。卵：椭圆形，长1.2～2.2毫米，鲜黄色。幼虫：体长20～25毫米，黄绿色，背面的蓝色斑，连接成近椭圆形斑纹；体背有6对红色长枝刺，其中胸部3对、体中部1对、腹末2对；体两侧各节上有红色短刺毛丛1对。蛹：椭圆形，长12～13毫米，初黄色渐变为褐色。茧：长11～14.5毫米，椭圆形，土灰褐色（图2–42，图2–43）。

图2–42　枣刺蛾成龄幼虫

图2–43　枣刺蛾老龄幼虫

［发生特点］年发生1代，以老熟幼虫在树干根部土内7～9厘米深处结茧越冬。翌年6月下旬成虫羽化，7月上旬幼虫孵化，7月下旬至8月中旬危害重，8月下旬幼虫逐渐老熟，下树入土结茧越冬。成虫昼伏夜出，有趋光性。卵产于叶背成片排列，幼虫孵化后即分散至叶背面危害。

［防治要点］

（1）农业防治　冬春季深翻园地，利用低温冻害和鸟食消灭土中越冬茧。产卵期摘除有卵叶片灭卵。

（2）药剂防治　幼虫危害初期喷洒90%晶体敌百虫，或50%敌敌畏乳油800～1 000倍液，或40%辛硫磷乳油1 200倍液，或50%杀螟硫磷乳油1 000倍液，或20%氰戊菊酯乳油2 500倍液，或25%灭幼脲悬浮剂2 000倍液，或2.5%溴氰菊酯乳油3 000～4 000倍液等。

丽　绿　刺　蛾

属鳞翅目，刺蛾科。学名：*Latoia lepida* (Cramer)，又名绿刺蛾。分布全国各枣产区。危害枣、桃、杏、石榴、苹果、梨、柑橘等果树芽、叶。

［危害特点］以幼虫蚕食叶片，低龄幼虫群集叶背食叶成网状，重者食净叶肉，仅剩叶柄。

［形态鉴别］成虫：体长10～17毫米，翅展35～40毫米，触角雄蛾双栉齿状、雌蛾基部丝状；头顶、胸背绿色，腹部灰黄色；前翅绿色，肩角处有1块深褐色尖刀形基斑，外缘具深棕色宽带；后翅浅黄色，外缘带褐色。卵：扁平椭圆形，长径约1.5毫米，浅黄绿色。幼虫：体长25～27毫米，初龄时黄色，稍大转为粉绿色；从中胸至第八腹节各有4个瘤状突起，上生有黄色刺毛丛，第一腹节背面的毛瘤各有3～6根红色刺毛；腹部末端有4丛球状黑色刺毛；背中央具暗绿色带3条；两侧有浓蓝色点线。蛹：椭圆形，长约13毫米，黄褐色。茧：椭圆形，长约15毫米，暗褐色坚硬（图2–44，图2–45，图2–46）。

［发生特点］年发生2代，以老熟幼虫在树干上结茧越冬。翌年4月下旬至5月上旬化蛹，第一代成虫于5月末至6月上旬羽化，第一代幼虫于6月至7月发生；第二代成虫8月中、下旬羽化，第二代幼虫于8月下旬至9月发生，至10月上旬在树干上结茧越冬。成虫有强趋光性，卵产于叶背，数十粒成块。初孵幼虫常7～8头群集取食，稍大后分散危害。幼虫体上的刺毛丛含有毒腺，人体皮肤接触后，常因毒液进入皮下而肿胀奇痛，故有“洋辣子”之称。天敌有爪哇刺蛾寄蝇等。

［防治要点］

（1）农业防治　冬春季清洁果园消灭树枝上的越冬茧。

图2–44　丽绿刺蛾成虫

图2–45　丽绿刺蛾幼虫

图2–46　丽绿刺蛾茧

（2）**捕杀初龄幼虫**　及时摘除初孵幼虫群集危害的叶片消灭之，注意勿使虫体接触皮肤。

（3）**药剂防治**　幼虫初孵期喷药防治，参阅枣刺蛾防治方法。

黄　刺　蛾

属鳞翅目，刺蛾科。学名：*Cnidocampa flavescens* Walker，又名刺蛾、洋辣子、八角虫、八角罐、羊蜡罐、白刺毛等。分布全国各枣产区。危害枣、桃、杏、石榴、苹果等果树芽、叶。

［危害特点］幼虫食叶。低龄幼虫群集叶背面啃食叶肉，仅留白色的叶表皮；稍大把叶食成网状；随虫龄增大则分散取食，将叶片吃成缺刻，仅留叶柄和叶脉，重者吃光全树叶片。

［形态鉴别］成虫：体长13～16毫米，翅展30～34毫米；头和胸部黄色，腹背黄褐色；前翅内半部黄色，外半部为褐色，有两条暗褐色斜线，在翅尖上汇合于一点，呈倒“V”字形，内面一条伸到中室下角，为黄色与褐色的分界线。卵：椭圆形，黄绿色。幼虫：体长16～25毫米，头小，胸腹部

肥大，呈长方形，似幼儿的娃娃鞋，黄绿色；体背有一两端粗中间细的哑铃形紫褐色大斑，和许多突起枝刺。蛹：椭圆形，长12毫米，黄褐色。茧：灰白色，质地坚硬，茧壳上有几道褐色长短不一的纵纹，形似雀蛋（图2-47，图2-48，图2-49，图2-50）。

图2-47　黄刺蛾成虫

图2-48　黄刺蛾幼龄幼虫群害

图2-49　黄刺蛾老龄幼虫

图2-50　黄刺蛾茧

［发生特点］年发生2代，以老熟幼虫在树枝上结茧越冬。翌年5月上旬化蛹，5月中下旬至6月上旬羽化，成虫趋光性强，产卵于叶背面，数十粒连成一片；6月中下旬幼虫孵化，初孵幼虫喜群集危害，数头幼虫白天头向内形成环状静伏于叶背。6月下旬至7月上中旬幼虫老熟后，固贴在枝条上，作茧化蛹。7月下旬出现第二代幼虫，危害至9月初结茧越冬。天敌主要有上海青蜂和黑小蜂等。

［防治要点］

（1）农业防治　冬春季剪除冬茧集中烧毁，消灭越冬虫态。摘除冬茧时，识别青蜂（冬茧上端有一被寄生蜂产卵时留下的小孔）选出保存，来年放入果园天然繁殖寄杀虫茧。

（2）药剂防治　参考枣刺蛾。

白眉刺蛾

属鳞翅目，刺蛾科。学名*Narosa edoensis* Kawada，又名杨梅刺蛾。分布全国多数枣产区。危害枣、桃、杏、石榴、核桃、柿等果树芽、叶。

[危害特点] 幼虫危害叶片，低龄幼虫啃食叶肉，稍大把叶片食成缺刻或孔洞，重者仅留主脉。

[形态鉴别] 成虫：体长8毫米，翅展16毫米左右，前翅乳白色，端部具浅褐色浓淡不均的云状斑。幼虫：体长7毫米左右，扁椭圆形，绿色，体背部隆起呈龟甲状，头褐色，很小，缩于胸前，体上无明显刺毛，体背生2条黄绿色纵带纹，纹上具小红点。蛹：长4.5毫米，近椭圆形。茧：长5毫米，圆桶形，灰褐色（图2-51，图2-52，图2-53）。

图2-51　白眉刺蛾成虫

图2-52　白眉刺蛾成龄幼虫

图2-53　白眉刺蛾茧

[发生特点] 年发生2～3代，以老熟幼虫在树杈或叶背结茧越冬。翌年4～5月化蛹，5～6月成虫羽化，7～8月进入幼虫危害期，成虫昼伏夜出，有趋光性。卵块产于叶背，每块有卵8粒左右，卵期7天，低龄幼虫在叶背取食，留下半透明的上表皮，随虫龄增大，把叶食成缺刻或孔洞，重者食完全叶。8月下旬幼虫老熟，结茧越冬。

[防治要点] 同黄刺蛾。

扁刺蛾

属鳞翅目，刺蛾科。学名：*Thosea sinensis* Walker，又名黑点刺蛾、黑刺蛾。分布全国各枣产区。危害枣、桃、杏、石榴、苹果、柑橘等果树芽、叶。

[危害特点] 初孵幼虫群集叶背啃食叶肉，使叶片仅留透明的上表皮。随虫龄增大，食叶成空洞和缺刻，重者食光叶片。

[形态鉴别] 成虫：体长13 ~ 18毫米，翅展28 ~ 35毫米；体暗灰褐色，腹面及足色较深；触角雌丝状，雄羽状；前翅灰褐稍带紫色，中室外侧有1条明显的暗斜纹，自前缘近顶角处向后缘斜伸；雄蛾中室上角有1个黑点；后翅暗灰褐色。卵：扁平椭圆形，长1.1毫米，淡黄绿至灰褐色。幼虫：体长21 ~ 26毫米，宽16毫米，体扁，椭圆形，背部稍隆起，形似龟背；全体绿色、黄绿色或淡黄色，背线白色；体边缘有10个瘤状突起，其上生有刺毛，第四节背面两侧各有1个红点。蛹：长10 ~ 15毫米，近椭圆形，乳白至黄褐色。茧：椭圆形，长12 ~ 16毫米，紫褐色（图2–54，图2–55，图2–56）。

图2–54　扁刺蛾成虫

图2–55　扁刺蛾成龄幼虫

图2–56　扁刺蛾茧

[发生特点] 年发生1 ~ 3代，以老熟幼虫在树下3 ~ 6厘米土层内结茧以前蛹越冬。1代区6月上旬羽化、产卵，6月中旬至9月上中旬幼虫发生危害。2 ~ 3代区5月中旬至6月上旬羽化；第一代幼虫5月下旬至7月中旬发生；第二代幼虫7月下旬至9月中旬发生；第三代幼虫9月上旬至10月发生，均以老熟幼虫入土结茧越冬。卵多散产于叶面上，卵期7天左右。低龄幼虫啃食叶肉，留下一层表皮，大龄幼虫取食全叶，虫量多时，常从枝的下部叶片吃至上部，每枝仅存顶端几片嫩叶。

[防治要点]

（1）**农业防治**　冬春季耕翻树盘，消灭其内越冬的虫茧。

（2）幼虫发生期喷洒苏云金杆菌悬浮剂1 000倍液，杀虫保叶。

（3）**药剂防治**　卵孵化盛期和低龄幼虫期喷洒50%辛硫磷乳油，或45%马拉硫磷乳油1 000倍液，或5%顺式氰戊菊酯乳油2 000倍液等。

金　毛　虫

属鳞翅目，毒蛾科。学名：*E.simils xanthocampa* Dyar，又名桑斑褐毒蛾、纹白毒蛾、桑毒蛾、黄尾毒蛾、黄尾白毒蛾等。分布全国多数枣产区。危害枣、桃、杏、苹果、石榴、樱桃、山楂等果树芽、叶和嫩果皮。

［危害特点］初孵幼虫群集叶背面取食叶肉，仅留透明的上表皮，稍大后分散危害，将叶片吃成大的缺刻，重者仅剩叶脉，并啃食嫩果皮。

［形态鉴别］成虫：雌体长14 ~ 18毫米，翅展36 ~ 40毫米；雄体长12 ~ 14毫米，翅展28 ~ 32毫米；全体及足白色；触角双栉齿状；雌、雄蛾前翅近臀角处有褐色斑纹，雄蛾前翅在内缘近基角处还有一个褐色斑纹。卵：直径0.6 ~ 0.7毫米，灰白色。幼虫：体长26 ~ 40毫米，头黑褐色，体黄色，背线红色；体背面有一橙黄色带，带中央贯穿一红褐间断的线；前胸背面两侧各有一红色瘤，其余各节背瘤黑色，瘤上生黑色长毛束和白色短毛。蛹：长9 ~ 11.5毫米。茧：长13 ~ 18毫米，椭圆形，淡褐色（图2–57，图2–58，图2–59）。

图2–57　金毛虫成虫

图2–58　金毛虫幼虫及食害枣花

图2–59　金毛虫茧

［发生特点］年发生2 ~ 6代，以幼虫结灰白色薄茧在枯叶、树杈、树干缝隙及落叶中越冬。2代区翌年4月开始危害春芽及叶片。一、二、三代幼虫危害高峰期主要在6月中旬、8月上中旬和9月上中旬，10月上旬前后开始结茧越冬。成虫昼伏夜出，产卵于叶背，形成长条形卵块，卵期4 ~ 7天。每代幼虫历期20 ~ 37天。幼虫有假死性。天敌主要有黑卵蜂、矮饰苔寄蝇、桑毛虫绒茧蜂等。

［防治要点］

（1）农业防治　冬春季刮刷老树皮，清除园内外枯叶杂草，消灭越冬幼虫。在低龄幼虫集中危害时，摘虫叶灭虫。

（2）掌握在2龄幼虫高峰期，喷洒多角体病毒，每毫升含15 000颗粒的悬浮液，每667平方米喷洒20升。

(3) 药剂防治 幼虫分散为害前，及时喷洒2.5%溴氰菊酯乳油，或20%氰戊菊酯乳油3 000倍液，或10%联苯菊酯乳油4 000 ~ 5 000倍液，或52.25%蜱·氯乳油2 000倍液，或50%辛硫磷乳油1 000倍液，或10%吡虫啉可湿性粉剂2 500倍液。

美 国 白 蛾

属鳞翅目，灯蛾科。学名：*Hyphantria cunea* (Drury)。国内外重要的检疫对象。全国许多枣产区有发生。危害枣、桃、杏、苹果、梨等100多种植物的芽、叶。

［危害特点］以幼虫群集结网，并在网内食害叶肉，残留表皮。网幕随幼虫龄期增长而扩大，长的可达1.5米以上。幼虫5龄后出网分散危害，严重时整株叶片被吃光。

［形态鉴别］成虫：体长12 ~ 17毫米，白色；雄虫触角双栉齿状，黑色；越冬代成虫前翅上有较多的黑色斑点，第一代成虫翅面上的斑点较少。雌虫触角锯齿状，前翅翅面很少有斑点。卵：近球形，直径0.57毫米，灰褐色。幼虫：体长28 ~ 35毫米；头黑色具光泽，体色黄绿色至灰黑色，变化较大，背部两侧线之间有1条灰褐色宽纵带；背部毛瘤黑色，体侧毛瘤橙黄色，毛瘤上生有灰白色长毛。蛹：长8 ~ 15毫米，暗红色（图2–60，图2–61，图2–62）。

［发生规律］年发生2代，以蛹于茧内在枯枝落叶中、墙缝、表土层、树洞等处越冬。翌年5月上旬出现成虫。第一代幼虫发生期为6月上旬至7月下旬，第二代幼虫发生期为8月中旬至9月中旬。卵块产于叶片背面，每块300 ~ 500粒，单层排列，卵期约7天，幼虫孵化后短时间即吐丝结网，群集网内危害，4龄后分散危害，幼虫期35 ~ 42天；幼虫老熟后下树寻找适宜场所结薄茧化蛹越冬。

图2–60 美国白蛾成虫

图2–61 美国白蛾卵及卵块

[防治要点]

(1) **农业防治** 清除园中落叶杂草，冬春翻树盘，消灭越冬蛹。

(2) **药剂防治** 防治的关键时期是第一代幼虫发生期和其他各代幼虫发生初期。可喷洒50%杀螟硫磷乳油1 000倍液，或80%敌敌畏乳油1 500倍液、或90%晶体敌百虫1 000～1 500倍液，或20%氰戊菊酯乳油3 000倍液等。

图2-62 美国白蛾幼虫

绿 盲 蝽

属半翅目，盲蝽科。学名：*Lygocoris lucorum* (Meyer-Dur.)，又名花叶虫、小臭虫、棉青盲蝽、青色盲蝽、破叶疯、天狗蝇等。分布全国各枣产区。危害枣、桃、杏、葡萄、石榴、棉花、柑橘等果树芽、叶和花。

[危害特点] 成、若虫刺吸叶片、嫩芽汁液，造成大量破孔、皱缩不平的“破叶疯”，叶缘残缺破烂，叶卷缩畸形早落，重者腋芽、生长点受害，造成腋芽丛生。

[形态鉴别] 成虫：体长5毫米，宽2.2毫米，绿色，密被短毛；头部三角形；触角4节丝状，约为体长2/3；前胸背板黄绿色，布许多小黑点；小盾片三角形微突，黄绿色；前翅膜片半透明暗灰色。卵：长1毫米，黄绿色，卵盖奶黄色。若虫：与成虫相似，初孵时绿色；二龄黄褐色；三龄出现翅芽；四龄翅芽超过第一腹节；五龄后全体鲜绿色，密被黑色细毛，触角淡黄色（图2-63，图2-64）。

图2-63 绿盲蝽成虫

图2-64 绿盲蝽危害状

[发生特点] 年发生3 ~ 7代，以卵在树皮裂缝、树洞、枝杈处及近树干土中越冬。翌春3 ~ 4月，卵孵化为若虫开始危害花和嫩芽、叶。成虫寿命长，喜食花蜜，产卵期30 ~ 40天。非越冬代卵多散产在嫩叶、茎、叶柄、叶脉、嫩蕾等组织内，卵期7 ~ 9天。成虫和若虫晚上和有露水的早上及阴天活动危害，爬行迅速，受惊扰立即逃匿。以春、秋两季危害重。主要天敌有寄生蜂、草蛉、捕食性蜘蛛等。

[防治要点]

(1) 农业防治　冬春清理园中枯枝落叶和杂草，刮刷树皮、树洞，消灭越冬卵。保护利用天敌。

(2) 药剂防治　于3月下旬至4月上旬越冬卵孵化期，4月中下旬若虫盛发期及5月上中旬3个关键期喷洒20%氰戊菊酯乳油2 500倍液，或48%哒嗪硫磷乳油1 500倍液，或52.25%蜱·氯乳油2 000倍液等。

茶　翅　蝽

属半翅目，蝽科。学名：*Halyomorpha halys* (Stal)，又名臭木椿象、臭木蝽、茶色蝽。除新疆、宁夏、青海未见报道外，其余各省均有分布。危害枣、梨、石榴、苹果、柑橘等果树叶、芽和果实。

[危害特点] 成、若虫刺吸叶、嫩梢及果实汁液，致植株生长变弱，果实表面出现黑色斑点。

[形态鉴别] 成虫：体长12 ~ 16毫米，宽6.5 ~ 9.0毫米，扁椭圆形，淡黄褐至茶褐色，略带紫红色，前胸背板、小盾片和前翅革质部有黑褐色刻点，前胸背板前缘横列4个黄褐色小点，小盾片基部横列5个小黄点；腹部侧接缘为黑黄相间。卵：圆筒形，直径约0.7毫米，灰白至黑褐色。若虫：初孵体长1.5毫米左右，近圆形；腹部淡橙黄色，各腹节两侧节间各有1长方形黑斑，共8对；腹部第三、五、七节背面中部各有1个较大的长方形黑斑；老熟若虫与成虫相似，无翅（图2–65，图2–66，图2–67）。

图2–65　茶翅蝽成虫

图2–66　茶翅蝽卵及初孵若虫

图2–67　茶翅蝽大龄若虫

［发生特点］年发生1代，以成虫在空房、屋角、檐下、树洞、土缝、石缝及草堆等处越冬。5月上旬陆续出蛰活动，6月上旬至8月产卵，多块产于叶背，每块20 ~ 30粒。卵期10 ~ 15天，6月中、下旬为卵孵化盛期，7月上旬出现若虫，8月中旬至9月下旬为成虫盛期。成虫和若虫受到惊扰或触动时，即分泌臭液逃逸。天敌有椿象黑卵蜂、稻蝽小黑卵蜂等。

［防治要点］

（1）保护利用天敌　① 5月至7月份为该虫寄生蜂成虫羽化和产卵期，果园应避免使用触杀性杀虫剂。② 果园外围栽榆树作为防护林，可保护椿象黑卵蜂到林带内蝽象卵上繁殖。

（2）农业防治　冬春季捕杀越冬成虫。发生期随时摘除卵块及捕杀初孵群集若虫。

（3）药剂防治　于成虫产卵期和低龄若虫期喷洒48%哒嗪硫磷乳油2 000倍液，或20%氰戊菊酯乳油3 000倍液，或50%丙硫磷乳油1 000倍液，或5%氟虫脲乳油1 000 ~ 1 500倍液等。

茶　蓑　蛾

属鳞翅目，蓑蛾科。学名：*Glania minuscule* Butler，又名小窠蓑蛾、小蓑蛾、小袋蛾、茶袋蛾、避债蛾、茶背袋虫。分布全国各枣产区。危害枣、桃、柑橘、石榴等100多种植物的叶、芽、果皮。

［危害特点］幼虫在护囊中咬食叶片、嫩梢或剥食枝干、果实皮层，造成局部光秃。该虫喜集中危害。

［形态鉴别］成虫：雌蛾体长12 ~ 16毫米，足退化，无翅，蛆状，体乳白色；头小褐色；腹部肥大，体壁薄，能看见腹内卵粒；雄蛾体长11 ~ 15毫米，翅展22 ~ 30毫米，体翅暗褐色；触角双栉状；胸部、腹部具鳞毛；前翅翅脉两侧色略深，外缘中前方具近正方形透明斑2个。卵：椭圆形，0.8毫米×0.6毫米，浅黄色。幼虫：体长16 ~ 28毫米，头黄褐色，胸部背板灰黄白色，背侧具褐色纵纹2条，胸节背面两侧各具浅褐色斑1个；腹部棕黄色，各节背面均有“八”字形黑色小突起4个。蛹：雌蛹纺锤形，长14 ~ 18毫米，深褐色；雄蛹深褐色，长13毫米；护囊：纺锤形，枯枝色，成长幼虫的护囊，雌的长约30毫米，雄的约25毫米。囊系以丝缀结叶片、枝条碎片及长短不一的枝梗而成，枝梗整齐地纵裂于囊的最外层（图2-68，图2-69，图2-70）。

图2-68　茶蓑蛾雄成虫

图2-69　茶蓑蛾幼虫

图2-70　茶蓑蛾护囊

[发生特点] 贵州年发生1代，华东地区年发生1～2代，台湾2～3代。以幼虫在枝叶上的护囊内越冬。翌春3月越冬幼虫开始取食，5月中下旬化蛹，6月上旬至7月中旬成虫羽化并产卵，卵期12～17天。第一代幼虫6～8月发生且危害重，幼虫期50～60天。第二代幼虫9月出现，危害至落叶越冬。幼虫孵化后先取食卵壳，后爬上枝叶或飘至附近枝叶上，吐丝黏缀碎叶营造护囊并开始取食。天敌有蓑蛾疣姬蜂、松毛虫疣姬蜂、桑螟疣姬蜂、大腿蜂、小蜂等。

[防治要点]

(1) **农业防治**　发现虫囊及时摘除，集中烧毁。

(2) **生物防治**　注意保护利用寄生蜂等天敌昆虫。或喷洒每克含1亿活孢子的杀螟杆菌或苏云金杆菌悬浮剂防治。

(3) **药剂防治**　掌握在幼虫初孵期喷洒90%晶体敌百虫，或50%杀螟硫磷乳油1 000倍液，或80%敌敌畏乳油1 200倍液，或2.5%溴氰菊酯乳油2 000倍液等。

枣　龟　蜡　蚧

属同翅目，蜡蚧科。学名：*Ceroplastes japonicus* Green，又名日本蜡蚧、日本龟蜡蚧、龟蜡蚧、龟甲蜡蚧。俗称枣虱子。全国除新疆、西藏未见报道外，其它各枣产区均有发生。危害枣、桃、杏、石榴、柑橘等果树枝、叶。

[危害特点] 若虫固贴在叶面上吸食汁液，排泄物布满枝叶，7～8月雨季易引起大量煤污菌寄生，使叶、枝条、果实布满黑霉，影响光合作用和果实生长。

[形态鉴别] 雌成虫：虫体椭圆形，紫红色，背覆白色蜡质蚧壳，表面有龟状凹纹，体长约3毫米，宽2～2.5毫米；雄成虫：体长1.3毫米，翅展2.2

毫米，体棕褐色，头及前胸背板色深，触角丝状；翅1对白色透明。卵：椭圆形，长径约0.3毫米，橙黄至紫红色。若虫：体扁平椭圆形，长0.5毫米，后期虫体周围出现白色蜡壳。蛹：仅雄虫在蚧壳下化为裸蛹，梭形，棕褐色（图2–71，图2–72）。

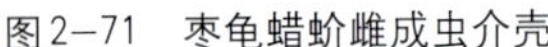

图2–71　枣龟蜡蚧雌成虫介壳

图2–72　枣龟蜡蚧雄虫蜡壳

［发生特点］ 年发生1代，以受精雌虫密集在一至二年生小枝上越冬。越冬雌虫4月初开始取食，5月下旬至7月中旬产卵，卵期10～24天。6月中旬至7月上旬孵化，初孵若虫多爬到嫩枝、叶柄、叶面上固着取食，8月初雌雄开始性分化，8月下旬至10月上旬雄虫羽化，交配后即死亡。雌虫陆续由叶转到枝上固着危害，至秋后越冬。卵孵化期间，空气湿度大，气温正常，卵的孵化率和若虫成活率高。天敌有瓢虫、草蛉、长盾金小蜂、姬小蜂等。

［防治要点］ 防治关键期是雌虫越冬期和夏季若虫前期。

（1）**农业防治**　从11月至翌年3月刮刷树皮裂缝中的越冬雌成虫，剪除虫枝；冬春季遇雨雪天气，及时敲打树枝震落冰凌，可将越冬雌虫随冰凌震落。

（2）保护利用天敌。

（3）**药剂防治**　在6月末7月初，喷洒50%甲奈威可湿性粉剂400～500倍液，或50%敌敌畏乳油1 000倍液等；秋后或早春喷洒5%的柴油乳剂防效好。

草　履　蚧

属同翅目，绵蚧科。学名：*Drosicha corpulenta* (Kuwana)，又名草履硕蚧、草鞋蚧壳虫、柿草履蚧。分布全国各地。危害枣、桃、杏、石榴、苹果、柑橘等果树枝、干。

［危害特点］ 若虫和雌成虫刺吸嫩枝芽、叶、枝干和根的汁液，削弱树势，重者至树枯死。

［形态鉴别］ 成虫：雌体长10毫米，扁平椭圆，背面隆起似草鞋，体背淡

灰紫色，周缘淡黄，体被白蜡粉和许多微毛；触角黑色丝状；腹部8节，腹部有横皱褶和纵沟；雄体长5～6毫米，翅展9～11毫米，头胸黑色，腹部深紫红色，触角黑色念珠状；前翅紫黑至黑色，后翅特化为平衡棒。卵：椭圆形，长1～1.2毫米，淡黄褐色，卵囊长椭圆形，白色绵状。若虫：体形与雌成虫相似，体小色深。雄蛹：褐色，圆筒形，长5～6毫米（图2–73，图2–74）。

图2–73　草履蚧雌成虫

图2–74　草履蚧若虫

［发生特点］年发生1代，以卵和若虫在土缝、石块下或10～12厘米土层中越冬。卵于2月至3月上旬孵化为若虫并出土上树，初多于嫩枝、幼芽上危害，行动迟缓，喜于皮缝、枝叉等隐蔽处群栖，稍大喜于较粗的枝条阴面群集危害；雌若虫5月中旬至6月上旬羽化，危害至6月陆续下树入土分泌卵囊，产卵于其中，以卵越夏越冬。天敌有红环瓢虫、暗红瓢虫等。

［防治要点］

（1）雌成虫下树产卵前，在树干基部挖坑，内放杂草等诱集产卵，后集中处理。

（2）阻止初龄若虫上树。将树干老翘皮刮除10厘米宽一周，上涂胶或废机油，隔10～15天涂1次，涂2～3次，注意及时清除环下的若虫。树干光滑者可直接涂。

（3）保护利用自然天敌。

（4）**药剂防治**　若虫发生期喷洒48%哒嗪硫磷乳油1 500倍液，或2.5%溴氰菊酯乳油2 000倍液，或5%顺式氰戊菊酯乳油2 000～3 000倍液等。7～10天1次，连续防治3～4次。

黑　蝉

属同翅目，蝉科。学名：*Cryptotympana atrata* (Fabricius)，又名蚱蝉，俗名蚂吱嘹、知了、蜘嘹。分布于全国各地。危害枣、桃、杏、石榴、苹果、柑橘等果树枝条、根系。

［危害特点］成虫刺吸枝条汁液，并产卵于一年生枝条木质部内，造成枝条枯萎而死。若虫生活在土中，刺吸根部汁液，削弱树势。

［形态鉴别］成虫：雌体长40～44毫米，翅展122～125毫米；雄体长43～48毫米，翅展120～130毫米；体黑色有光泽，被金色绒毛；中胸背板宽大，中间高并具有“×”形隆起；翅透明；雄虫腹部有鸣器，作“吱”声长鸣，雌虫则无，但有听器。卵：长椭圆形，2.5毫米×0.5毫米，白色。若虫：初孵乳白色，渐至黄褐色，体长30～37毫米；前足开掘式，能爬行（图2-75，图2-76，图2-77）。

图2-75　黑蝉成虫

图2-76　黑蝉成虫产卵枝

图2-77　黑蝉若虫

［发生特点］经12～13年完成1代，以卵于被害树枝内及若虫于土中越冬。越冬卵于翌年春孵化，若虫孵化后，潜入土壤中50～80厘米深处，吸食树木根部汁液，在土中生活12～13年。若虫老熟后于6～8月出土羽化，羽化盛期为7月。若虫于夜间出土，高峰时间为20：00～24：00时，出土后不久即羽化为成虫。成虫寿命60～70天，栖息于树枝上，夜间有趋光扑火的习性，白天“吱、吱”鸣叫之声不绝于耳。产卵于当年生嫩梢木质部内，产卵带长达30厘米左右，产卵伤口深及木质部，受害枝条干缩翘裂并枯萎。

［防治要点］

（1）农业防治　利用若虫出土附在树干上羽化的习性和若虫可食的特点，发动群众于夜晚捕捉食用。成虫发生期于夜间在园内、外堆草点火，同时摇动树干诱使成虫扑火自焚。在雌虫产卵期，及时剪除产卵萎蔫枝梢，集中烧毁。

（2）药剂防治 产卵后入土前，喷洒40%辛硫磷乳油，或45%马拉硫磷乳油，或50%丙硫磷乳油1 000倍液，或2.5%溴氰菊酯乳油或10%氯菊酯乳油2 000倍液等。

八点广翅蜡蝉

属同翅目，广翅蜡蝉科。学名：*Ricania speculum* Walker，又名八点蜡蝉、八点光蝉、八斑蜡蝉、橘八点光蝉、咖啡黑褐蛾蜡蝉、黑羽衣、白雄鸡。分布全国多数枣产区。危害枣、桃、杏、石榴、柑橘等果树枝、叶。

[危害特点] 成、若虫刺吸嫩枝、芽、叶汁液；排泄物易引发病害；雌虫产卵时将产卵器刺入嫩枝茎内，破坏枝条组织，被害嫩枝轻则叶枯黄、长势弱，难以形成叶芽和花芽，重则枯死。

[形态鉴别] 成虫：体长6 ~ 7毫米，翅展18 ~ 27毫米，头胸部黑褐色；触角刚毛状；翅革质密布纵横网状脉纹，前翅宽大，略呈三角形，翅面被稀薄白色蜡粉，翅上具灰白色透明斑5 ~ 6个；后翅半透明，翅脉煤褐色明显，中室端有1白色透明斑。卵：长卵圆形，长1.2 ~ 1.4毫米，乳白色。若虫：低龄乳白色；成龄体长5 ~ 6毫米，宽3.5 ~ 4毫米，体略呈钝菱形，暗黄褐色；腹部末端有4束白色绵毛状蜡丝，呈扇状伸出，中间一对略长；蜡丝覆于体背以保护身体，常可作孔雀开屏状，向上直立或伸向后方（图2–78，图2–79，图2–80）。

图2–78 八点广翅蜡蝉成虫

图2–79 八点广翅蜡蝉产卵枝

图2–80 八点广翅蜡蝉若虫

[发生特点] 年发生1代，以卵在当年生枝条里越冬。若虫5月中、下旬至6月上、中旬孵化，低龄若虫常数头排列于一嫩枝上刺吸汁液危害，4龄后散害于枝梢叶果间，爬行迅速善于跳跃，若虫期40 ~ 50天。7月上旬成虫羽化，飞行力较强且迅速，寿命50 ~ 70天，危害至10月。成虫产卵期30 ~ 40天，卵产于当年生嫩枝木质部内，产卵孔排成一纵列，孔外带出部分木丝并覆有白色絮状蜡丝，极易发现与识别。成虫有趋聚产卵的习性，虫量大时被害枝上刺满产卵迹痕。

[防治要点]

（1）农业防治　冬春剪除被害产卵枝集中烧毁，减少来年虫源。

（2）药剂防治　虫量多时，于6月中旬至7月上旬若虫羽化危害期，喷洒48%哒嗪硫磷乳油1 000倍液，或10%吡虫啉可湿性粉剂3 000 ～ 4 000倍液，或10%氯菊酯乳油2 000倍液等。药液中加入含油量0.3%～0.4%的柴油乳剂或黏土柴油乳剂，可溶解虫体蜡粉显著提高防效。

山东广翅蜡蝉

属同翅目，广翅蜡蝉科。学名：*Ricania shantungensis* Chou et Lu ，分布于山东、河南等产区。危害柿、山楂、石榴等果树枝和叶。

[危害特点] 以成、若虫危害枝、叶。成、若虫刺吸枝条、叶的汁液，产卵于当年生枝条内，致产卵部以上枝条枯死。

[形态鉴别] 成虫：体长约8毫米，翅展28 ～ 30毫米，雌大雄小，淡褐色略显紫红，被覆稀薄淡紫红色蜡粉；前翅宽大，脉纹明显，底色暗褐至黑褐色，被稀薄淡紫红蜡粉，而呈暗红褐色，有的杂有白色蜡粉而呈暗灰褐色，前缘外1/3处有1纵向狭长半透明斑，翅后半部有两条横向白色细线；后翅淡黑褐色，半透明，前缘基部略呈黄褐色，后缘色淡。卵：长椭圆形，1.3毫米×0.5毫米，乳白色至淡黄色。若虫：体长6.5 ～ 7毫米，宽4 ～ 4.5毫米，体近卵圆形，近似成虫；初龄若虫，体被白色蜡粉，腹末有4束蜡丝呈扇状，尾端多向上前弯而蜡丝覆于体背（图2–81，图2–82）。

图2–81　山东广翅蜡蝉成虫及产卵

图2–82　山东广翅蜡蝉若虫

[发生特点] 年发生1代，以卵在枝条内越冬，翌年5月卵孵化为若虫，若虫有一定群集性，活泼善跳，危害至7月底、8月中旬羽化为成虫，成虫于9月下旬至10月中下旬产卵。成虫白天活动，触之即跳、飞行迅速，喜于嫩

枝、芽、叶上刺吸汁液。多选直径4～5毫米枝条光滑部产卵于木质部内，外覆白色蜡丝状分泌物，每雌可产卵150粒左右，并在多枝上产卵，产卵部位以上枝条多枯死。

［防治要点］

（1）**农业防治** 冬春季结合修剪剪除有卵块的枝条，集中深埋或烧毁，以减少越冬虫源。

（2）**药剂防治** 若虫孵化和危害期喷洒10%吡虫啉可湿性粉剂3 000倍液，或20%异丙威乳油1 000～1 500倍液，或25%噻嗪酮可湿性粉剂1 000倍液等，喷药时在药剂中加0.3%～0.5%柴油乳剂，可提高防效。

豹纹木蠹蛾

鳞翅目，木蠹蛾科。学名：*Zeuzera coffeae* Nietner。分布于华东、华中、华南等枣产区。危害枣、石榴、核桃、柑橘等多种林果枝、干。

［危害特点］幼虫钻蛀枝干，造成枯枝、断枝，严重影响生长。

［形态鉴别］成虫：雌体长27～35毫米，翅展50～60毫米；雄体长20～25毫米，翅展44～50毫米；全体被白色鳞片，在翅脉间、翅缘和少数翅脉上有许多比较规则的蓝黑色斑，后翅除外缘有蓝黑色斑外，其他部分斑颜色较浅；胸背有排成两行的6个蓝黑斑点；腹部每节均有8个大小不等的蓝黑色斑，成环状排列。雌虫触角丝状，雄虫触角基半部羽毛状，端部丝状。卵：椭圆形，淡黄至桔红色。幼虫：体长40～60毫米，红色，每体节有黑色毛瘤，瘤上有毛1～2根；前胸背板上有黑斑，中央有一条纵走的黄色细线，后缘有一黑褐色突，尾板硬化。蛹：黄褐色，头部顶端有一大齿突（图2–83，图2–84，图2–85）。

图2–83 豹纹木蠹蛾成虫

图2–84 豹纹木蠹蛾幼虫

图2-85　豹纹木蠹蛾幼虫危害状

[发生特点] 年发生1代，以老熟幼虫在树干内越冬。翌年春枝芽萌发后，再转移到新梢继续蛀食危害。6月中旬至7月中旬羽化交尾产卵，成虫羽化后，蛹壳一半露出孔外，长久不掉。成虫有趋光性，产卵于嫩枝、芽腋或叶上，卵期15 ~ 20天。幼虫孵化后先从嫩梢上部叶腋蛀入危害，幼虫蛀入后先在皮层与木质部间绕干蛀食木质部一周，因此极易从此处引起风折，幼虫再蛀入髓部，沿髓部向上蛀纵直隧道，隔不远处向外开一圆形排粪孔。被害枝梢3 ~ 5天内即枯萎，这时幼虫钻出再向下移不远处重新蛀入，经过多次转移蛀食，当年新生枝梢可全部枯死。幼虫危害至秋末冬初，在被害枝基部隧道内越冬。天敌有茧蜂、串珠镰刀菌等。

[防治要点]

(1) 及时清除、烧毁风折枝　在园地和周围的一些此虫寄主林、果树风折枝中，常有大量幼虫和蛹存在，要及时清除烧毁。

(2) 药剂防治　在成虫产卵和幼虫孵化期喷洒10%乙氰菊酯2 000倍液，或20%氰戊菊酯乳油2 500倍液，或90%晶体敌百虫1 000倍液，或50%杀螟硫磷乳油1 500倍液等，消灭卵和幼虫。

六星吉丁虫

属鞘翅目，吉丁虫科。学名 *Chrysobothris succedanea* Saunders，又名六星金蛀甲、六斑吉丁虫、溜皮虫、串皮虫。除西藏、新疆未见报道外，其它各省均有分布。危害枣、苹果、桃、樱桃、枇杷等果树枝干。

[危害特点] 幼虫蛀食枝干皮层及木质部，在枝干皮层内盘旋，使木质部与韧皮部内外分离。被害部表皮变成褐色，稍凹陷，常流出红褐色树液，皮层干裂枯死。严重时整株枯死。成虫食叶成缺刻或孔洞。

[形态鉴别] 成虫：体长11 ~ 14毫米，宽约5毫米，头、前胸背板、鞘翅赤铜色具紫红色闪光；触角11节；小盾片三角形；鞘翅上有4条光洁的纵脊，鞘缝隆起光洁；翅基、翅中央约2/3处各有一凹陷的金斑，具赤铜色闪光；鞘翅端钝圆，侧缘2/5处至端部呈不规则的锯齿状，腹面铜绿色至赤铜色。卵：乳白色，椭圆形。幼虫：体长16 ~ 26毫米，体扁头小，腹部白色，第一节特别膨大，中央有黄褐色“人”形纹，第三、四节短小，以后各节比三、四节大。蛹：乳白色（图2-86，图2-87，图2-88）。

图2-86　六星吉丁虫成虫

图2-88　六星吉丁虫幼虫危害状

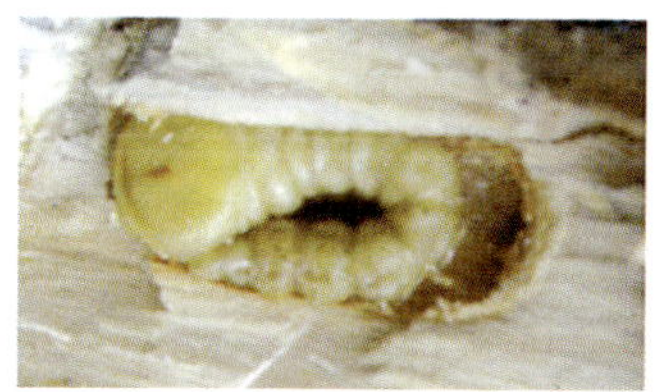

图2-87　蛀道内六星吉丁虫幼虫

［发生特点］年发生1代，以幼虫在木质部内越冬。5月中、下旬羽化，中午觅偶交尾。卵多产在主干分杈和树皮裂缝中，卵期20天左右。6月下旬至7月初幼虫孵化，幼虫蛀食树干韧皮部，至8月下旬进入木质部约15毫米深，幼虫期270天左右。成虫也咬食枝叶，补充营养。天敌有啄木鸟、寄生蜂等。

［防治要点］

（1）**农业防治**　加强综合管理，增强树势，避免产生伤口和日灼；成虫羽化前及时清除死树、枯枝消灭其中虫体，减少虫源；成虫发生期于清晨在树下铺塑料膜，震落成虫集中捕杀之，隔3～5天震一次效果较好。

（2）保护利用天敌。

（3）**药剂防治**　成虫羽化初期枝干上涂刷辛硫磷乳油、马拉硫磷乳油或菊酯类药剂或其复配药剂200～300倍液，触杀效果良好，隔15天涂一次，连涂2～3次。成虫出树后产卵前喷洒48%哒嗪硫磷乳油，或50%杀螟硫磷乳油1 000倍液，或10%氯菊酯乳油或52.25%蜱·氯乳油1 500倍液等。

金　缘　吉　丁

属鞘翅目，吉丁虫科。学名：*Lampra limbata* Gebler，又名翡翠吉丁、褐绿吉丁、金背吉丁。分布全国各枣产区。危害枣、桃、梨、苹果、山楂、李等果树枝干。

［危害特点］以幼虫蛀食枝干树皮及木质部，幼虫蛀道在韧皮部和木质部之间，蛀道内充满褐色虫粪和木屑，被害处树皮变黑，内部组织变褐。

[形态鉴别] 成虫：体长13 ～ 17毫米，身体稍扁，翠绿色，具金属光泽，前胸背板及鞘翅外缘红色；前胸背板密布刻点；小盾片扁梯形；鞘翅上有由10余条蓝黑色断续的纵纹组成的纵沟；鞘翅端部锯齿状；雌虫腹部末端钝圆，雄虫稍尖。卵：椭圆形，长约2毫米，初乳白渐变为黄褐色。幼虫：老熟幼虫体长30 ～ 36毫米，扁平，乳白色至黄白色；头小，暗褐色；前胸膨大，背板中央有1个“人”字形凹纹；腹部10节，分节明显。蛹：体长15 ～ 20毫米，初乳白色渐变为紫绿色，有光泽（图2-89，图2-90）。

图2-89　金缘吉丁成虫

图2-90　金缘吉丁幼虫及危害状

[发生特点] 1 ～ 2年发生1代，江西、湖北、江苏等地1年发生1代，华北2年发生1代，均以不同龄期的幼虫在被害枝干的蛀道内越冬，越冬部位多在外皮层。翌春果树萌芽期，幼虫开始活动，老熟后在蛀道内化蛹。约在4月下旬羽化为成虫。成虫羽化后暂不出洞，5月中旬向外咬一扁形羽化孔爬出，一直延续到7月上旬。成虫白天取食叶片补充营养，早晚静伏叶上，遇惊扰下坠落地，有假死习性。成虫产卵期约10天，产卵于树干皮缝和伤口处，一处产卵2 ～ 3粒。单雌产卵20 ～ 40粒。5月下旬为产卵盛期，6月上旬为幼虫孵化盛期。初孵幼虫先在皮层处取食，随虫龄增大逐渐向形成层串食，蛀道不规则，到秋后幼虫蛀入木质部，在此越冬。待蛀道绕枝干一周后，至整株（枝）枯死。

[防治要点]

（1）农业防治　①加强栽培管理，减少树体伤口，以减少成虫产卵条件，降低危害。②根据幼树被害处凹陷变黑、易被识别的特点，常检查并及时用刀将皮层的幼虫挖除。

（2）药剂防治　在成虫羽化后出洞前，在枝干上喷洒50%辛硫磷乳油800倍液，或90%晶体敌百虫600倍液；在成虫出洞后，喷洒80%敌敌畏乳油1 000倍液，或50%杀螟硫磷乳油1 200倍液，或40.7%毒死蜱乳油2 000倍液；在6～7月幼虫孵化期，结合人工刮除幼虫，在树干上涂抹80%敌敌畏乳油100倍液，或3%氯氰菊酯乳油200倍液，或50%马拉硫磷乳油150倍液等。

黑翅土白蚁

属等翅目，白蚁科。学名：*Odontotermes formosanus* (Shiraki)。分布黄河以南及西南各产区。危害枣、柿、板栗、茶、柑橘等果树树干及根茎。

[危害特点] 白蚁营巢于土中，取食树木的根茎部，并在树木上修筑泥被，啃食树皮，也能从伤口侵入木质部危害。苗木受害后常枯死，成年树被害后生长不良。此外，还危及堤坝安全。

[形态鉴别] 有翅繁殖蚁：体长12～18毫米，头、胸、腹背面黑褐色，翅暗褐色，触角19节，全身密被细毛，前胸背板中央有1个淡色“十”字形纹。卵：乳白色，椭圆形，长径0.6毫米。兵蚁：体长5～6毫米，头暗黄色，胸、腹部淡黄色至灰白色；头部毛稀疏，胸腹部毛较密集。工蚁：体长5～6毫米，头黄色，胸、腹部灰白色（图2–91，图2–92，图2–93）。

图2–91　黑翅土白蚁工蚁

图2–92　黑翅土白蚁蚁巢

[发生特点] 筑巢地下，危害树木时一般先取食树干表皮和木栓层，后期才向木质部深入。5～6月及9月有两个危害高峰，7～8月则在早、晚和雨后活动。每年4月底、5月初在蚁巢附近出现成群的圆锥形突起分飞孔，相对湿度95%以上的闷热天气或大雨后，有翅繁殖蚁从分飞孔飞出，脱翅并雌雄配对后钻入地下建立新巢，成为新蚁巢的蚁后和蚁王，有些位于浅土层的幼龄巢和菌圃腔，在6～8

图2–93　黑翅土白蚁危害状
（树干上泥套）

月连降暴雨后，地面上会长出鸡纵菌，可作为确定蚁巢的标志。蚁巢由小到大，一个大巢群内白蚁达200万头以上，兵蚁保卫蚁巢，工蚁担负采食、筑巢和抚育幼蚁等工作，蚁王和蚁后匿居蚁巢内繁殖后代。工蚁在树干上取食时，做泥线或泥坡，可高达数米，形成泥套，这是白蚁危害的重要特征。

[防治要点]

（1）清理杂草、朽木和树根，减少白蚁食料。

（2）在白蚁分飞季节用黑光灯诱杀。

（3）**白蚁诱杀包诱杀** 每667平方米放置15～25个，经2～3个月，蚁巢可被消灭。

（4）**开沟灌药液灭蚁** 于树干四周开沟，灌入10%氯氰菊酯乳油或20%氰戊菊酯乳油，或10%甲氰菊酯乳油，或48%哒嗪硫磷乳油，或50%辛硫磷乳油等150～500倍液，然后覆土。

（5）**蚁巢灌药** 发现蚁巢，用上述药液灌入巢内，每巢1～20千克，杀蚁效果好。

星 天 牛

属鳞翅目，天牛科。学名：*Anoplophora chinensis* (Forster)。危害枣、柑橘、桑、杨等多种果树和林木的主干和主根。

[危害特点] 幼虫蛀害主干基部和主根，破坏树体养分和水分的输送，致树体衰弱，重至整株枯死。成虫食叶。

[形态鉴别] 成虫：体长20～39毫米，全体漆黑而有光泽，前胸背板中瘤明显，侧刺突出粗壮，小盾片披淡青色细毛；鞘翅基部密布黑色小颗粒，散布着约20个大小不等的白色绒毛斑；触角长于或与体同长，第三至十一节基部具淡蓝色毛环。卵：长椭圆形，长5～6毫米，乳白渐至黄褐色。幼虫：体长45～67毫米，淡黄白色，头的前端黑褐色，前胸背板前方有两个黄褐色飞鸟形斑纹，后方有一个黄褐色“凸”字形斑纹。中胸腹面、后胸及腹部第一至七节背、腹两面具小突起。蛹：长约30毫米，初乳白渐至黑褐色，触角细长卷曲，体形与成虫相似（图2-94，图2-95，图2-96）。

[发生特点] 年发生1代，以幼虫在树干基部或主根内越冬，成虫4月下旬至6月羽化，啃食细枝皮层或食害叶片。飞翔能力不强，中午多栖息枝端。成虫寿命1～2个月，5月底至6月中旬产卵于离地10厘米以内树干上，产卵痕为“T”形或“ ┌”形裂口，皮层稍隆起，表面较潮湿。幼虫孵出后蛀入皮层，逐渐向下，并横向迂回蛀食，如遇根时，则沿根下蛀，可达30厘米以上。幼虫在皮层蛀食3～4个月后才蛀入木质部。蛀入孔多数在近地表处，少部分产卵位置较高，仅在地面以上树干内蛀害。

图2-94 星天牛成虫

图2-95 星天牛幼虫

[防治要点]

(1) 农业防治 ①捕杀成虫，于4月下旬至6月下旬，在果园中捕杀成虫。②铲除卵及初孵幼虫，于5～6月产卵盛期，在树干基部10厘米范围内检查“T”形或“┍”形产卵痕，用螺丝刀刮除卵粒或初孵幼虫。

图2-96 星天牛幼虫危害状

(2) 药剂防治 ①消灭低龄幼虫。于7～8月，用20%辛·阿维乳油50～100倍液或50%辛·溴乳油100～150倍液等涂抹树干基部，可杀灭在树皮蛀食的低龄幼虫。②毒杀高龄幼虫。对已蛀入木质部的幼虫，可向虫孔注入药液或用棉球蘸药塞入所有虫孔毒杀，药剂可用80%敌敌畏乳油或40%毒死蜱乳油、40%辛硫磷乳油、20%氰戊菊酯乳油50～100倍液等，注（塞）药后用泥封好蛀孔。

红 缘 天 牛

属鞘翅目，天牛科。学名：*Asias halodendri* (Pallas)，又名红缘亚天牛，红条天牛。分布于全国各枣产区。危害枣、桃、苹果、梨、杏等果树枝干。

[危害特点] 幼虫蛀食枝干皮层及木质部，主要危害直径1～3厘米的枝条，没有排粪孔，外表不易看出被害处，削弱树势，重的致枝干枯死。

[形态鉴别] 成虫：体长约17毫米，体狭长，黑色；鞘翅基部有1个朱红色椭圆形斑，外缘有1条朱红色狭带纹。幼虫：老熟幼虫体长约22毫米，乳白色，前胸背板前方骨化部分淡褐色，分为4块（图2-97，图2-98）。

图2-97　红缘天牛成虫

图2-98　红缘天牛幼虫危害状

［发生特点］年发生1代，以幼虫在隧道端部越冬。翌年3月恢复活动，在皮层下木质部钻蛀扁宽蛀道。4月中、下旬化蛹，5月中旬至6月上旬成虫羽化，白天活动取食枣花等补充营养。卵散产于3厘米以下衰弱枝干皮缝中。幼虫孵化后先在韧皮部与木质部之间钻蛀，后蛀入木质部及髓部危害。严重的常把木质部蛀空，残留树皮。

［防治要点］

（1）农业防治　加强果园管理，增强树势，提高抗虫能力；及时清除受害枯枝，集中烧毁；人工捕捉成虫。

（2）药剂防治　成虫盛发期喷洒50%辛硫磷乳油1 500倍液，或10%联苯菊酯乳油3 000 ～ 4 000倍液，或20%氰戊菊酯乳油2 000倍液，或50%马拉硫磷乳油1 200倍液等。

三、果园害虫主要天敌和防虫药械识别与利用

图3-1　七星瓢虫成虫捕食蚜虫

图3-2　七星瓢虫幼虫

图3-3　四斑月瓢虫捕食蚜虫

图3-4　异色瓢虫

图3-5　大红瓢虫

图3-6　草蛉成虫

图3-7　草蛉幼虫捕食蚜虫

图3-8　草蛉幼虫（左）捕食鳞翅目幼虫

图3-9　赤眼蜂成虫

图3-10　上海青蜂成虫

图3-11　上海青蜂在黄刺蛾茧上产卵

图3-12　蜘　蛛

图3-13　蜘　蛛

图3-14　蜘　蛛

图3-15　蜘　蛛

图3-16　蜘蛛捕食柿斑叶蝉

图3-17　食蚜蝇成虫

图3-18　食蚜蝇成虫

图3-19　食蚜蝇成虫

图3-20　食蚜蝇成虫

图3-21　光肩猎蝽成虫

图3-22　光肩猎蝽若虫

图3-23　螳螂雌成虫（褐色型）

图3-24　螳螂雄成虫（褐色型）

图3-25　螳螂雄成虫（绿色型）

图3-26　螳螂若虫（绿色型）

图3-27　螳螂茧

图3-28 喜鹊

图3-29 喜鹊巢

图3-30 戴胜

图3-31 黑枕黄鹂

图3-32 大山雀

图3-33 大杜鹃

图3-34 大斑啄木鸟

图3-35 灰喜鹊

图3-36　糖醋液诱杀

图3-37　性诱捕器

图3-38　频振式杀虫灯

图3-39　黄板诱虫

图3-40　树干缠草圈诱虫

图3-41　树干塑料薄膜环阻虫

图3-42　赤眼蜂卵卡

图3-43　冬季树干涂白防病虫

附录一、枣树休眠期的病害防治历

日期	防治对象	防治方法
11月至翌年3月	消灭多种病害的越冬病菌	1.清洁果园。落叶后解除草把、刮除老树皮、剪除病虫死枝，彻底清扫枯枝落叶和树上树下病虫僵果，深埋或烧毁，减少越冬菌源。 2.树干刮皮后涂白。涂白剂配比：石硫合剂原液3～5份，食盐1份，生石灰10份，水30份。于封冻前和3月份各进行1次。 3. 11月下旬和3月下旬全树各喷一次3～5波美度石硫合剂或50%福美双可湿性粉剂600倍液、1：1：100倍波尔多液、45%晶体石硫合剂30倍液等。发芽前喷药对消灭越冬菌源非常关键，如用药适当及时病害就能基本控制。 4.结合耕翻树盘，清除腐烂病部病菌子实体。枣疯病重病树彻底挖除；防干腐病堵树洞。 5.增施有机肥。采用配方施肥技术，合理配比施用氮、磷、钾肥，增强树势，提高抗病能力。 6.科学修剪。避免“朝天疤”，剪后用石硫合剂或波尔多液等涂抹伤口，减少病菌侵染机会。 7.挖沟隔离。在病株或病区外挖1米以上的深沟进行封锁，防止白绢病、根朽病等根部病害向四周蔓延，并用多菌灵、甲基硫菌灵、代森锌、代森锰锌、百菌清、三唑酮、氢氧化铜、腈菌唑等广谱性杀菌剂处理病根和病部土壤。 8.对于缺素症果园，施基肥时有针对性地补充缺素。缺钙每667平方米施过磷酸钙30～50千克；缺锌株施硫酸铜锌200克；缺铁可在有机肥中混入适量硫酸亚铁。 9.病斑涂药防治干腐病和干枯病。3月中下旬刮去病斑上死皮，涂抹腐必清5倍液，或腐殖酸铜原液，或5%菌毒清50～100倍液，或3%培福朗糊剂等。涂药后用复方煤焦油保护伤口。

附录二、枣树生长期的病害防治历

日 期	防治对象	防 治 方 法
4月至5月中旬（萌芽至展叶期）	白粉病、白腐病、枣叶斑点病、枣叶黑斑病、枣疯病等。	选择使用广谱性杀菌剂多菌灵、甲基硫菌灵、代森锌、代森锰锌、百菌清、三唑酮、氢氧化铜、腈菌唑等，严格控制使用浓度，以低浓度为好。 枣疯病轻、中度病树进行输液治疗。
5月下旬至6月下旬（花期）	炭疽病、黑腐病、枣疯病、灰斑病、黑斑病、枣叶斑点病、白粉病、花叶病、枝枯病、菟丝子等。	1. 初花期喷洒1 ∶ 1 ∶ 300倍式波尔多液或30%王铜悬浮剂500倍液。 2. 花期喷洒70%甲基硫菌灵可湿性粉剂800 ～ 1 000倍液，或50%多菌灵可湿性粉剂800倍液，或80%代森锰锌可湿性粉剂600倍液等。 3. 落花70%时喷洒0.5波美度石硫合剂疏除晚花；喷洒25%三唑酮可湿性粉剂1 000倍液防治白粉病；喷洒80%炭疽福美可湿性粉剂600倍液防治炭疽病，兼治锈病及其它病害。 4. 于落花后喷洒50%多菌灵可湿性粉剂700倍液或30%王铜悬浮剂800倍液或1 ∶ 0.5 ∶ 200倍波尔多液等预防果实病害。 5. 及时防治叶蝉、蚜虫等防止花叶病蔓延。
7月（幼果期）	黑腐病、褐斑病、炭疽病、白腐病、枣锈病、裂果病、焦叶病、枣叶斑点病、轮纹病、黑斑病、煤污病、枝枯病等。	1. 上旬喷洒1 ∶ 2 ～ 3 ∶ 200倍波尔多液；或72%农用链霉素可溶性粉剂或3%中生菌素可湿性粉剂800倍液，主治真菌和细菌病害。 2. 中旬喷洒70%甲基硫菌灵可湿性粉剂800倍液，或40%氟硅唑乳油600倍液，或30%王铜悬浮剂500倍液，或70%代森锰锌可湿性粉剂500倍液，或75%百菌清可湿性粉剂600倍液，或50%百·硫悬浮剂500倍液，或80%碱式硫酸铜400倍液等1 ～ 2次，防治果实及叶部病害。 3. 下旬喷洒1次400倍液氯化钠水溶液，防裂果。

(续)

日期	防治对象	防治方法
8月（果实膨大期）	黑腐病、炭疽病、缩果病、枣锈病、轮纹病、褐斑病、疮痂病、煤污病、黑斑病、焦叶病、木腐病、裂果病等。	1.上旬喷洒1次1：2：200倍波尔多液防治锈病；喷洒10%农用链霉素可湿性粉剂800倍液防治缩果病。 2.中旬喷洒65%代森锌可湿性粉剂500倍液，或75%百菌清可湿性粉剂500～600倍液，或50%多菌灵可湿性粉剂600倍液；或70%甲基硫菌灵可湿性粉剂或70%代森锰锌可湿性粉剂700倍液，或25%腈菌唑乳油2 000～3 000倍液等，防治果实及叶部病害。 3.防治枝干病害。发现木腐病病菌子实体要及时刮除干净深埋并烧毁；包括其它枝干病害要先刮除病斑上病皮，然后涂上述药剂。
9月（果实着色期）	软腐病、缩果病、黑腐病、炭疽病、褐斑病、枣锈病、轮纹病、疮痂病、黑斑病、白粉病、白绢病、枣疯病、根朽病、根癌病等。	1.上旬喷洒70%百菌清可湿性粉剂800倍液或72%农用链霉素。 2.中下旬喷洒1次1：1：200倍波尔多液或68.5%多氧霉素1 000倍液，或70%代森锰锌可湿性粉剂800倍液，或75%百菌清可湿性粉剂500～600倍液，或50%多菌灵可湿性粉剂600倍液，或70%甲基硫菌灵可湿性粉剂1 000倍液等，防病保叶和防止采前落果。 喷洒25%三唑酮可湿性粉剂1 000倍液防治白粉病。 3.防治根部病害。开沟断病根，并用上述药液处理病部土壤和病根。 4.采果前20天停止使用农药。
10月（果实成熟期）	软腐病、青霉病等果实和叶部病害。	采果后树体喷洒一遍50%多菌灵可湿性粉剂或70%甲基硫菌灵可湿性粉剂800倍液或1：1：200倍波尔多液+0.3%尿素液等防病保叶。

附录三、枣树休眠期的害虫防治历

日期	防治对象	防 治 方 法
11月至翌年3月	越冬虫、螨	1.保护天敌。收集黄刺蛾越冬茧，挑出初寄生茧，保存在铁纱笼中，待翌年天敌羽化后继续控制黄刺蛾的发生。 2.清洁果园。落叶后解除草把、刮除老树皮、结合修剪剪除病虫死枝，彻底清扫枯枝落叶和树上下病虫僵果，深埋或烧毁，减少越冬虫源。 3.树干刮皮后涂白防病虫。于封冻前和3月份各涂1次；并于11月下旬和3月中下旬全树各喷1次3～5波美度石硫合剂或1∶1∶100倍波尔多液。介壳虫为害严重果园，干枝上喷布10%～20%的柴油乳剂或6倍的松脂合剂。发芽前喷药对消灭在树上越冬的害虫非常关键，如用药适当及时可有效控制当年害虫的发生。 4.浅翻树盘。越冬前，翻挖树盘表土20厘米，利用低温冻害和鸟食消灭越冬茧、蛹。 5.打冰凌、除蜡蚧。在冬季雾凇或雪挂天气，敲打树枝震冰，以震落介壳虫越冬虫体。 6.树干缠塑料带、涂药环。3月上旬在树干距地面30厘米高处缠6～10厘米宽的塑料带，并使上部反卷，阻止枣尺蠖上树；或者涂1 000倍液杀灭菊酯药环，15天左右更换一次，毒杀枣尺蠖，枣飞象等。 7.挂置杀虫灯。3月中旬前完成挂灯任务，可以安置频振式杀虫灯、黑光灯等；并在枣园每隔20～30米悬挂1个性诱剂水碗诱捕器，悬挂在高1.5米的背阴枝上，水碗中盛水并加少量洗衣粉，诱芯距水面1厘米。

附录四、枣树生长期的害虫防治历

日期	防治对象	防 治 方 法
4月至5月中旬（萌芽至展叶期）	枣黏虫、隐头枣叶甲、枣尺蠖、枣飞象、绿盲蝽、烟蓟马、草履蚧、星天牛等	1. 利用黑光灯或性诱激素诱杀枣黏虫及其它害虫成虫。 2. 果园四周种植玉米、高粱、向日葵，每667平方米150～200株，诱集桃蛀螟、桃小等集中危害而消灭。 3. 4月中、下旬树冠喷布5%氟虫脲乳油或50%马拉硫磷乳油、或25%灭幼脲悬浮剂、或48%哒嗪硫磷乳油、或10%高渗烟碱水剂1 000倍液；或10%吡虫啉可湿性粉剂2 000～3 000倍液，或10%氯氰菊酯乳油2 000倍液，或52.25%蜱·氯乳油1 200倍液，或50%敌敌畏乳油800倍液，或20%氰戊菊酯乳油5 000倍液；或50%辛硫磷乳油1 000倍液+0.3%尿素液等，间隔10～15天，连喷2次。 4. 4月下旬在树干周围1米以内树盘，喷洒48%毒死蜱乳油800倍液或撒施辛硫磷颗粒剂后浅锄，毒杀出土的枣飞象及其它地下越冬害虫等。
5月下旬（开花始期）	枣黏虫、桃蛀螟、隐头枣叶甲、枣尺蠖、枣绮夜蛾、枣飞象、绿尾大蚕蛾、樗蚕蛾、黑绒金龟、烟蓟马、四星尺蛾、桃小、草履蚧、康氏粉蚧、红缘天牛、星天牛、白蚁等	1. 利用杀虫灯或性诱激素诱杀蛾类成虫 2. 摘虫苞（虫茧）烧毁；人工捕捉枣飞象、金龟子、天牛成虫等。 3. 叶面喷洒40%辛硫磷乳油1 200倍液，或30%乙酰甲胺磷乳油1 000倍液，或2%氟丙菊酯乳油800倍液，或2%氟苯脲乳油2 000倍液，或25%灭幼脲悬浮剂2 000倍液等，防治枣黏虫等食叶和蛀果害虫。 4. 雨后或灌水后在树盘1米范围内撒辛硫磷颗粒剂并浅锄，杀死出土的桃小食心虫。 5. 剪除萎蔫枝梢烧掉，消灭豹纹木蠹蛾幼虫。

（续）

日期	防治对象	防治方法
6月（花期）	桃蛀螟、隐头枣叶甲、桃小、枣黏虫、阔胫赤绒金龟、白星花金龟、枣尺蠖、枣瘿蚊、枣绮夜蛾、枣顶冠瘿螨、茶蓑蛾、绿尾大蚕蛾、金毛虫、茶长卷叶蛾、美国白蛾、枣红蜘蛛、四星尺蛾、草履蚧、康氏粉蚧、双线盗毒蛾、蜡蝉类、豹纹木蠹蛾、天牛类、吉丁虫类、白蚁等	1.上旬果园始挂桃小食心虫性诱芯，防治越冬代桃小。并根据测报在越冬幼虫出土数量突增时用50%辛硫磷乳油200～300倍液处理树干下土壤、地埂、沟渠等。 2.下旬人工捕捉金龟子、枣尺蠖、绿尾大蚕蛾等害虫；摘卵块消灭。 3.下旬喷洒25%亚胺硫磷乳油400～500倍液，或20%异丙威乳油400倍液，或50%甲奈威可湿性粉剂400～500倍液，或50%敌敌畏乳油1 000倍液，或20%甲氰菊酯乳油2 000倍液等防治介壳虫类和桃小、枣黏虫及其它蛾类。喷洒10%浏阳霉素1 000～1 500倍液，或15%哒螨灵乳油1 500倍液，或20%吡螨胺可湿性粉剂2 000～3 000倍液，或20%四螨嗪悬浮剂2 000倍液，或1.8%阿维菌素乳油3 000～4 000倍液等防治螨类。 4.及时对果园四周的玉米、高粱、向日葵上喷洒上述药剂，防治桃蛀螟、桃小等。 5.剪除萎蔫枝梢烧掉，消灭蛀干害虫。

（续）

日期	防治对象	防 治 方 法
7月（幼果期）	桃小、桃蛀螟、棉铃虫、枣黏虫、白星花金龟、枣尺蠖、枣瘿蚊、枣绮夜蛾、枣豆虫、枣顶冠瘿螨、球胸象甲、椿象类、袋蛾类、刺蛾类、绿尾大蚕蛾、美国白蛾、枣红蜘蛛、黑额光叶甲、枣龟蜡蚧、康氏粉蚧、毒蛾类、蜡蝉类、黑蝉、豹纹木蠹蛾、六星黑点蠹蛾、天牛类、吉丁虫类等	1.利用黑光灯等杀虫灯、性诱剂、糖醋液等诱杀蛾类成虫。 2.剪摘卵块、虫苞及黑蝉危害枝条。 3.及时防治天牛。及时捕杀天牛成虫；发现枝干上新排粪孔时，用铁丝刺到隧道底部，刺杀幼虫；及时清除死树和死枝，消灭虫源。在树干上涂刷石灰硫磺混合涂白剂（生石灰10份、硫黄1份、水40份）防止成虫产卵。 4.此期是各类害虫多发时间，在害虫卵孵化前后树冠喷洒30%菊·马乳油2 000倍液，或25%噻嗪酮乳油2 500倍液，或20%甲氰菊酯乳油3 000倍液，或40%水胺硫磷乳油2 000～2 500倍液，或50%辛硫磷乳油1 000倍液，或5%氟啶脲乳油1 000倍液，或2%阿维菌素乳油3 000倍液，或48%毒死蜱乳油800倍液，或25%灭幼脲悬浮剂2 000倍液，或5%氟啶脲乳油1 500倍液等1～2次，10～15天1次，防治蛾类幼虫及介壳虫类。 5.叶面喷洒48%哒嗪硫磷乳油1 000倍液或52.25%蜱·氯乳油1 200倍液，或15%哒螨灵乳油或20%吡螨胺可湿性粉剂2 000～3 000倍液等防治螨类。 6．及时对果园四周的玉米、高粱、向日葵上喷洒上述药剂，防治桃蛀螟、桃小、剑纹夜蛾类等。 7．药剂熏杀天牛。6～9月份发现排粪孔后，初期可用80%敌敌畏乳油10～20倍液涂抹排粪孔；防治晚时可先清除其中的粪便、木屑，然后塞入蘸有80%敌敌畏乳油或50%辛硫磷乳油、45%马拉硫磷乳油10～20倍液的棉球或药泥，杀虫效果均良好。

（续）

日期	防治对象	防治方法
8月（果实膨大期）	桃小、桃蛀螟、枯叶夜蛾、棉铃虫、枣瘿蚊、枣豆虫、枣顶冠瘿螨、椿象类、袋蛾类、刺蛾类、绿尾大蚕蛾、毒蛾类、茶长卷叶蛾、美国白蛾、枣红蜘蛛、黑额光叶甲、枣龟蜡蚧、康氏粉蚧、蜡蝉类、天牛类等	防治方法同上月，注意根据虫情合理选用农药，应避免重复使用一种农药，一般一种农药在一个生长季使用不超过2次。
9月（果实着色期）	枣黏虫、桃蛀螟、枯叶夜蛾、棉铃虫、枣豆虫、椿象类、茶蓑蛾、刺蛾类、樗蚕蛾、毒蛾类、茶长卷叶蛾、美国白蛾、枣龟蜡蚧、蜡蝉类、土白蚁等	1.上旬树干、大枝基部绑草把，诱集枣黏虫、枣绮夜蛾、红蜘蛛等集中消灭。 2.进入果实着色期要尽量减少使用农药，必要时可使用低毒、低残留、残效期短的农药，并且尽量选择低浓度。可以喷洒90%晶体敌百虫1 200倍液，或50%马拉硫磷乳油1 000倍液，或25%噻嗪酮可湿性粉剂2 000倍液，或5%氟虫脲乳油2 000倍液，或2.5%氟氯氰菊酯乳油3 000倍液，或5%顺式氰戊菊酯乳油4 000倍液等。 3.采果前20天停止使用农药。
10月（果熟期）	枣黏虫、枣红蜘蛛、毒蛾类、蜡蝉类、枣龟蜡蚧等	一般不再用药。果实采摘后及时捡拾果园病虫果，集中销毁，减少越冬虫源。

参考文献

北京农业大学，等.1981.果树昆虫学：下册［M］.北京：农业出版社.

冯玉增，等.2009.石榴病虫草害鉴别与无公害防治［M］.北京：科学技术文献出版社.

冯明祥，等.2004.无公害果园农药使用指南［M］.北京：金盾出版社.

蒋芝云，等.2006.柿和枣病虫原色图谱［M］.杭州：浙江科学技术出版社.

吕佩珂，等.2002.中国果树病虫原色图谱［M］.2版.北京：华夏出版社.

邱强.2004.中国果树病虫原色图鉴［M］.郑州：河南科学技术出版社.

中国林业科学研究院，等.1980.中国森林昆虫［M］.北京：中国林业出版社.

中国农业科学院，等.1959.中国果树病虫志［M］.北京：农业出版社.

图书在版编目（CIP）数据

图说枣病虫害防治关键技术 / 冯玉增，窦瑞木主编. — 北京：中国农业出版社，2011.7
ISBN 978-7-109-15706-4

Ⅰ. ①图… Ⅱ. ①冯…②窦… Ⅲ. ①枣–病虫害防治–图解 Ⅳ. ①S436.65–64

中国版本图书馆CIP数据核字（2011）第098568号

中国农业出版社出版
（北京市朝阳区农展馆北路2号）
（邮政编码 100125）
责任编辑 徐建华

北京中科印刷有限公司印刷 新华书店北京发行所发行
2011年10月第1版 2011年10月北京第1次印刷

开本：880mm×1230mm 1/32 印张：3
字数：83千字 印数：1～6 000册
定价：15.00元